宋联可◎著

化学工业出版社

·北京·

内 容 简 介

点茶是中华茶史上的一座丰碑，被称为最美最雅茶事。其始于唐末五代，盛行于两宋。明代泡茶法盛行后，点茶法式微。宋联可博士是目前唯一的一位宋代点茶非遗传承人。在本书中，她围绕点茶文化，详细介绍了点茶历史、点茶传承以及点茶的制作方法等内容。

图书在版编目（CIP）数据

宋代点茶 / 宋联可著．-- 北京 ：化学工业出版社，2022.2（2024.10重印）
ISBN 978-7-122-40363-6

Ⅰ．①宋…　Ⅱ．①宋…　Ⅲ．①茶文化—中国—宋代　Ⅳ．①TS971.21

中国版本图书馆 CIP 数据核字 (2021) 第 240636 号

责任编辑：郑叶琳　　装帧设计：东方智典
责任校对：田睿涵

出版发行：化学工业出版社（北京市东城区青年湖南街 13 号　邮政编码 100011）
印　　装：涿州市般润文化传播有限公司
710mm×1000mm　1/16　印张 9¾　字数 97 千字
2024年 10月北京第 1 版第 4次印刷

购书咨询：010-64518888　　售后服务：010-64518899
网　　址：http://www.cip.com.cn
凡购买本书，如有缺损质量问题，本社销售中心负责调换。

定　　价：88.00 元

非遗宋代点茶传承茶道

共和国演讲教育艺术家彭清一题

共和国演讲家、教育家、艺术家彭清一题词

文化和旅游部艺术基金评审专家、江苏省333领军人才、江苏省书法家协会会员、镇江市有突出贡献中青年专家、镇江市硬笔书法家协会副主席张杰题词

南乡子·大观

闭门大观，

一览天下视野宽。

山南海北多憾事，

谁好？

各参其妙慢分晓。

一九八三年八月

宋文光遗作

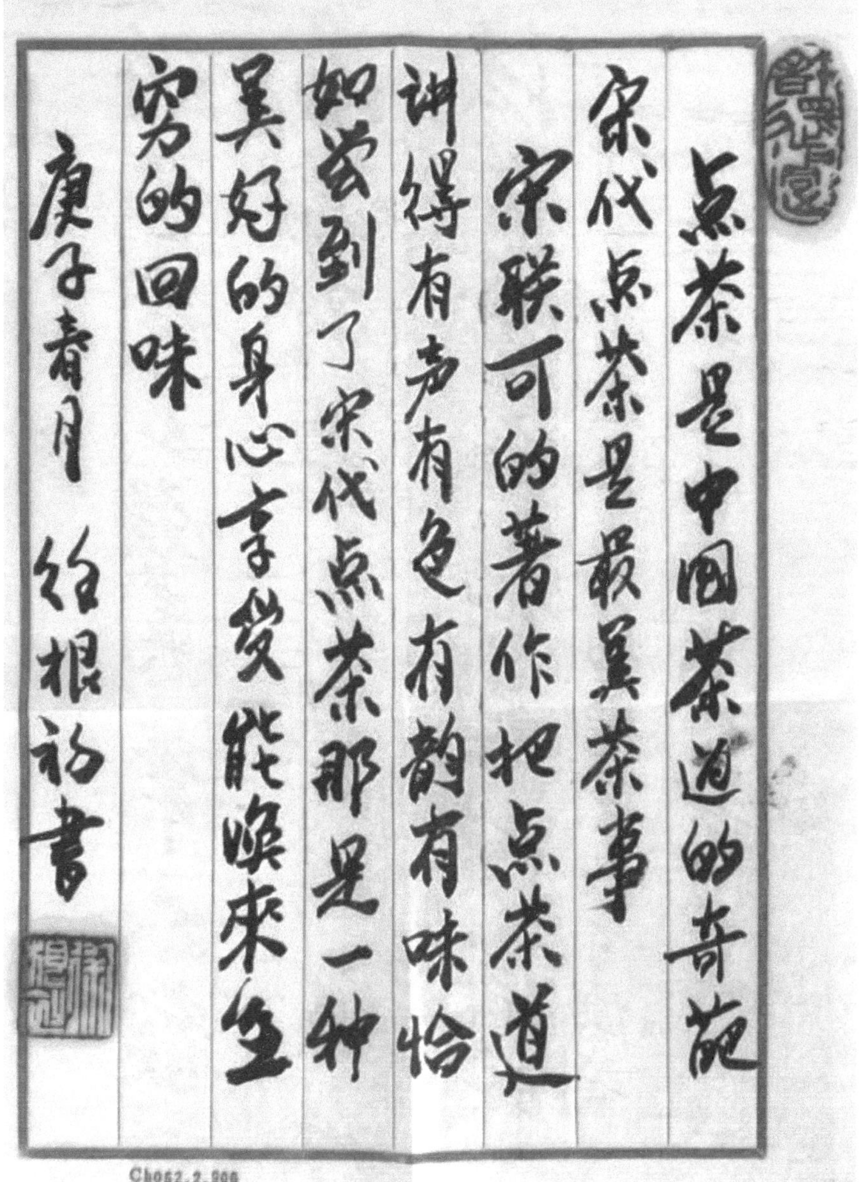
点茶是中国茶道的奇葩
宋代点茶是最具茶事
宋联可的著作把点茶道
讲得有声有色有韵有味恰
如尝到了宋代点茶那是一种
美好的身心享受能唤来无
穷的回味
庚子春月 徐根初书

原中国人民解放军总后勤部副参谋长、
军事科学院原副院长徐根初中将题词

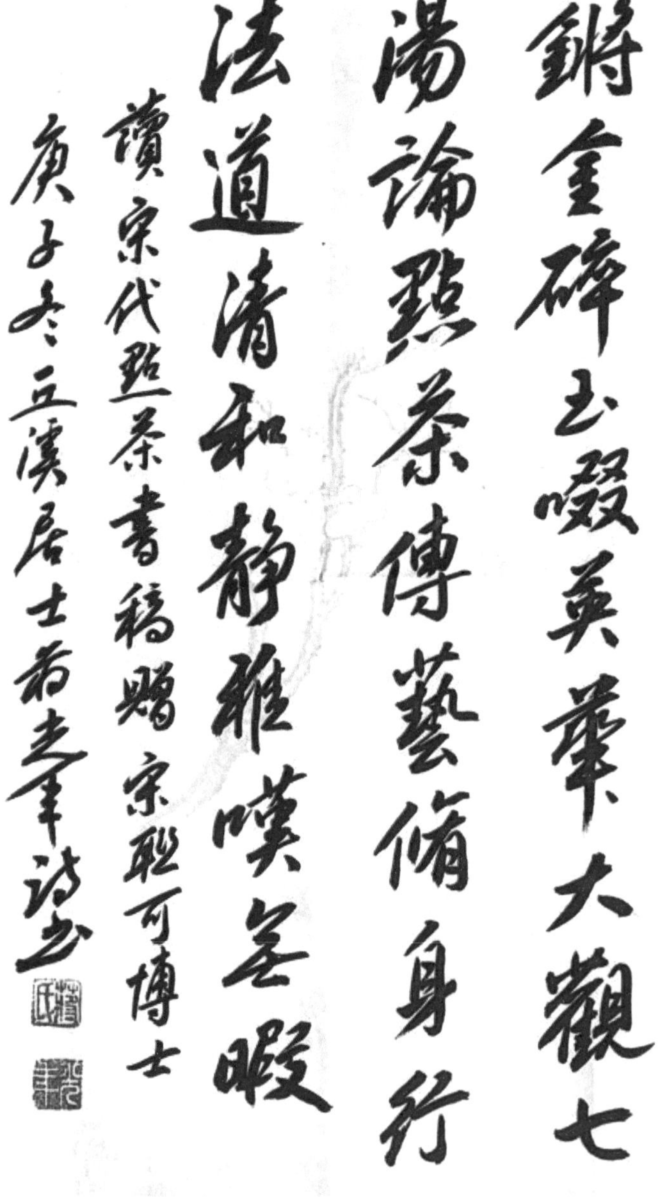

鏘金碎玉綴英華大觀七
湯論點茶傳藝脩身行
法道清和靜雅嘆無瑕
讀宋代點茶書稿贈宗聰可博士
庚子冬丘溪居士蔣光年詩書

中华诗词学会理事、中国楹联学会理事、
镇江诗书画院院长蒋光年题词

《神农》

镇江市民间文艺家协会理事、镇江市非物质文化遗产面塑代表性传承人张娟面塑作品

《陶弘景》

《米芾》

《宋徽宗》

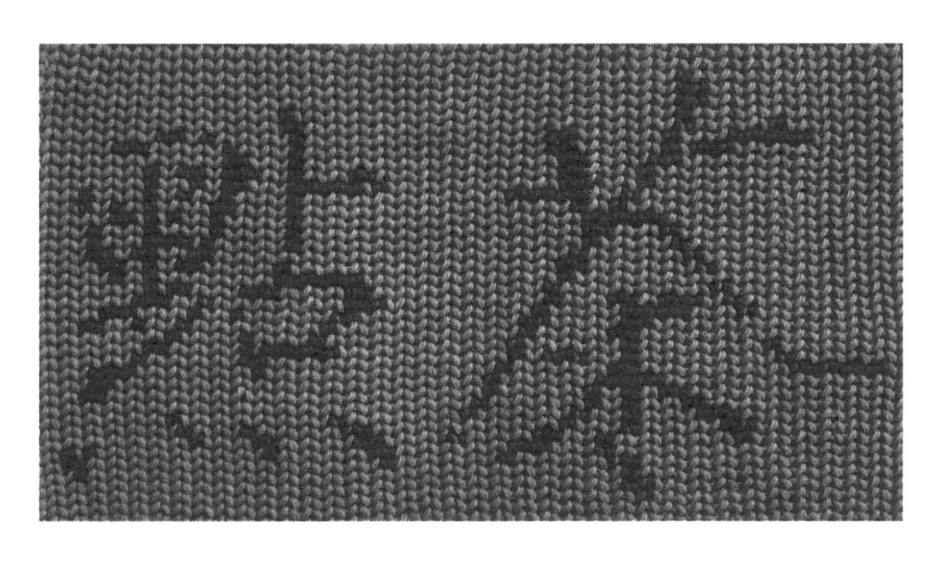

《点茶》

镇江市京口区非物质文化遗产中国绳结编织技艺代表性传承人安永凤中国结作品

前言

Preface

多年老朋友杨婕老师每每问书稿何时好，我总回复“快了，快了”。真是快了，但迟迟不能完稿，因为缺这篇前言。字不多，但总难下笔，不管是说清楚中华茶道脉络，还是讲明白点茶前世今生，一本书显然是不够的。

近年茶圈兴起谈“茶道”之风，学生们追问何为茶道、如何践行，无果或困惑。我对“道”有敬畏之心，数年来念于心而不敢表于口，不敢妄议各家言论之对错与虚实，但听多了，终于还是决定说些什么，至少表达下我们这股微弱的清流所识所行之茶道。

庚子年疫情严重时，我就在“宋代点茶非遗传承人宋联可”抖音直播间分享些对点茶和茶道的看法。几个人也讲，几十人也说，本是聊聊，没想太多。但在这个冷冷的直播间里，心却是火热，来者大多对茶道有敬畏与认同之心，他们深深理解我所言之诚、所行之要，用各种方式力挺我；这让我意识到给大众说说点茶和茶道的重要性与必要性。不想陷入争论中，只想表达一种思想，传递一种正念，仅此而已。

常与君子论道，均认为不可落笔，各自去悟吧。不想谈什么大道，烧水，点茶，说些简单的事就好。

茶对我的家族而言，有着特殊的意义。到了先父这一代，因他是文人，常从文化层面思考茶，对我产生了重要的影响。

2015年我负责策划文化项目——文心书院，终于有机会通过实体项目弘扬点茶。文心书院2016年装修，2017年开馆，2018年入选国务院文化和旅游部《2018文化产业项目手册》。在国家的政策指引下，弘扬优秀传统文化得到重视与支持。开馆那年，在文心书院满庭芳点茶，见景生情，填词明志。

满庭芳·山林堂

宋联可

炎夏乘风，寒冬藏雪，落拓四季无常。英才达士，高坐满庭芳。论道点茶抚曲，答客道，华夏泱泱。山林馆，文人墨客，可管窥朱方。

名扬，传九州，耆卿北里，逸少东床。米芾勤习字，莫笑癫狂。通判登楼遗恨，靖康耻，挂印重光。文人隐，文臣济世，文化复华强。

丁酉年八月十二

家是起点，城市是出发点，一路走来，曾经懵懵懂懂，曾经跌跌撞撞。原本为点茶而点茶，而今为弘扬中华文化而点茶。昨日，孤灯点茶以修身；今日，传承点茶以报国。本是一滴水，今已成溪流，因为爱，我们终将奔向大海。

弟子们常说，感恩遇见师父。我每每回复，感恩遇见你们。我何尝不感恩，你们的爱与支持，让我一次次坚定信念，让我一次次迎难而上。不仅因为你们也是传承的力量，更因为你们让我看到国人的正念正行。荆棘载途，永不言退，因为，我已不再是我。

点茶是中华茶史上的瑰宝，是中华大地上的明珠，属于整个中华民族。非遗宋代点茶传承团队致力于传承与弘扬，日复一日点茶，年复一年修行，大家付出物力、财力、人力和心力而不求回报、不为己利，皆因我们有着一个共同的使命——让点茶成为令世界尊敬的中华茶道！

有机缘传承，何等荣幸；为使命弘扬，何等重大！

宋联可

庚子年仲冬

文心书院满庭芳

目录

第四章　点茶行茶

第五章　非遗传承

第一章 点茶历史

一、陆羽与《茶经》

中国是茶的故乡，茶树的种植距今已有6000年的历史。从神农尝百草，日遇七十二毒，得茶解之开始，到约3000年前正式栽培利用，再到成为今日世界三大饮料之一，茶叶的发现与茶文化的发展过程中，无数中国人付出了汗水、心血和聪明才智。茶文化成为重要的中华传统文化之一，同时茶叶也成为传承中华文化的重要载体。

中国的茶文化涵盖了茶德、茶道、茶艺等多个方面，通过沏、赏、闻、饮等步骤，达到致清导和的境界，在岁月的长河中历经千年而不衰。

但在唐代以前，茶叶大多是药用、食用。到了隋唐时期，随着各方面工艺的成熟，茶才渐渐成为士大夫们喜欢的饮品。一时间，饮茶蔚然成风。新鲜的茶叶会被制成茶饼，然后采取煮茶的方式来品饮。然而，很多人接受不了茶叶的苦味和涩味，于是就在茶汤中加入盐、葱、姜或果汁调味后饮用。在这种情况下，专门的烹茶工具应运而生，“茶道”也初步形成。

与此同时，喜爱茶的文人也开始著书立说，阐述自己对茶道、茶艺的种种理解与体会，其中尤其以陆羽所著的《茶经》被世人奉为圭臬。

陆羽出生于复州竟陵（今湖北天门），幼年时被父母抛入山中，幸而被竟陵龙盖寺住持僧智积禅师捡到。据《新唐书·陆羽传》记载，陆羽成年后，用《易经》给自己占了一卦，得到“鸿渐于陆，其羽可用为仪”的卦辞。于是，他就以“陆”为姓，取名“羽”，并以“鸿渐”为字。

不过，陆羽并非一开始就投身茶道，年少时他曾在当地的戏班里当丑角演员，还编写了一些喜剧作品，作“诙谐数千言”。天宝十四载（公元755年），“安史之乱”爆发。一时间，狂飙突起，神州骚动，陆羽不得不离开戏班，逃往浙江苕溪一带，每日与山溪、苕花为伴。每有出庐，则一边击木一边高歌，有时感时伤逝，则失声恸哭。但也是在这里，陆羽逐渐抛却红尘，不问世事，潜心研究茶叶、茶道。当时有一位名叫皇甫冉的诗人，写了一首陆羽采茶的诗：“采茶非采菉，远远上层崖。布叶春风暖，盈筐白日斜。旧知山寺路，时宿野人家。借问王孙草，何时泛碗花。”由此我们也可以了解到陆羽当时研究茶叶的辛苦与热情。

陆羽雕像

经过十多年对茶叶的研究，陆羽撰写了一部《茶经》，成为中国乃至世界现存最早全面介绍茶的一部专著。《茶经》共有七千余字，分为上中下三卷，共十部分，为中国茶学的拓荒之作，不仅对茶叶的起源、制茶器具、煮茶器皿、饮茶习俗及茶叶的功效等进行了研究，还对煮茶、饮茶的方法有着详细的记述。不仅如此，陆羽还将饮茶提升为一种生活美学，提出“为饮，最宜精行俭德之人”。

《茶经》一问世，很快就得到当时人们的认可和喜爱。特别是文人骚客们，一时间津津乐道于品茶论道，令茶文化渐渐成风。文人品茶，讲究滋味，兴文吟诗，才谓品茶。中唐后期的许多诗人大多写过饮茶诗，其中最有名的是卢仝。他在《走笔谢孟谏议寄新茶》一诗中写道：“……一碗喉吻润，两碗破孤闷。三碗搜枯肠，唯有文字五千卷。四碗发轻汗，平生不平事，尽向毛孔散。五碗肌骨清，六碗通仙灵。七碗吃不得也，唯觉两腋习习清风生……”一时间传颂颇广。

在《茶经》一书中，看似没有涉及“点茶”，但其法是发展点茶的基础。书中有专门介绍煮茶的文字，主要论述了煮茶方法及用水的优劣。所谓煮茶，就是将“团茶”（又称团茶饼）烤炙碾细，放入水中煎煮，而煎煮的火候要严格遵循《茶经》中的“三沸”法：当水烧到“沸如鱼目，微有声”之时为第一沸，这时要按水量的多少加入适量的盐进行调味；当水继续烧到“缘边如涌泉连珠”之际为第二沸，此时要先舀出一瓢水备用，然后用竹筅在沸水中绕圈转动，再将事先碾好的茶末从沸水的漩涡中投入继续煮；待到茶汤“腾波鼓浪”时，表示三沸到来，这时要先把汤面上出现的一层如黑云母一样的水膜除去，再将二沸时舀出来的水倒入止沸，使茶汤孕育出浮起的“沫饽”，那才是茶之精华所在，接下来便可分酌茶汤了。

陆羽《茶经》中记述的煮茶方法，为后来宋代风行的“点茶法”奠定了基础。《茶经》中所述需煎水、需煮茶，发展到北宋时期，由蔡襄所著的《茶录》中的“点茶”就只煎水而不煮茶了。《茶录》中提到的点茶方法是，“凡欲点茶，先须熁盏令热，冷则茶不浮”“茶少汤多则云脚散，汤少茶多则粥面聚”“钞茶一钱匕，先注汤，调令极匀，又添注入，环回击拂。汤上盏可四分则止，视其面色鲜白，著盏无水痕为绝佳”。大意是说：在点茶的时候，必须先用沸水将茶盏冲热。如果茶盏不预热，茶就不能浮。点茶时，茶少水多，会出现云脚散；水少茶多，就会如熬粥面一样。正确的点茶方法应该是：用茶匙取一钱匕（约 1~2 克）的茶末放入盏中，先注入一点汤调制均匀，再注入汤水，环回拂动。当茶汤注入到茶盏十分之四时，停止注水，这时看上去茶色鲜亮纯白，茶盏边沿不出现水痕为上等。

从《茶录》中所记载的点茶法可以看出，宋代人已经在唐代人煎茶的基础之上，对饮茶有了新的技法和研究。而发展到北宋末年，北宋皇帝宋徽宗在其所著的《大观茶论》中，更是将点茶技艺发展到了高超而细腻的地步，认为茶需要经过七汤点注击拂乃成。由此，点茶技艺也迎来了它的黄金发展时期。

陆羽《茶经》

二、宋茶文化的兴起与繁盛

著名文史研究家陈寅恪曾经说过："华夏民族之文化，历数千载之演进，造极于赵宋之世。"

确实，宋代是一个文风炽盛、艺术灿烂的光辉时代，同时也是中国历朝历代中最为风雅的一个朝代。宋人吴自牧在其所著的《梦粱录》中，将焚香、点茶、挂画和插花列为"四般闲事"，而其中的点茶文化更是在宋代时期迎来了它的兴起与繁盛阶段。茶，这一南方嘉木，自从中唐时期成为"比屋之饮"后，到宋代便成为真正意义上的"大众饮料"。

宋代的茶艺其实是对前代茶艺的继承和发展。唐代时，由于陆羽《茶经》的倡导，人们饮茶时多以煎茶为主流。宋代茶艺则在继承前代精华的基础之上，又呈现出了以点茶为主流的时代特征。

宋代点茶这种方式，要比唐代的煎茶更加讲究。它需要先把茶叶蒸熟，再经过漂洗、压榨、揉匀，放入模具之内，压成茶饼，然后再焙干、捣碎，碾磨成粉，筛出细末。在准备点茶时，撮一两匙茶粉，放入盏底，加水搅拌均匀，再击拂出厚沫，最后才端起茶盏慢慢品尝。

这个过程麻烦吗？麻烦。

这样点出来的茶好喝吗？好喝。

因为经过这样处理的茶汤弱化了茶的苦涩味道，只剩下甘甜醇厚的茶香。

宋代人之所以好茶、爱茶，与它的时代气息是分不开的。

唐宋两代作为中国古代史上政治与文化发展的高峰阶段，其时代气息却是完全不同的。唐人拥有恢宏的胸怀和气度，对待各种文化都保持着兼容的心态，这就令整个王朝呈现出一种博大与开创的胸怀和精神。而与唐代相比，宋代虽然在文化和经济方面高度繁荣，但却承受了许多无奈的时局压力，在这种情况下，整个时代的文化也呈现出一种精深与婉约的整体特征。这种时代的差异性同样体现在生活领域，于是就出现了极为开创、包容的唐代茶文化和极为内敛、精深的宋代茶文化。

与唐代时的情形一样，在北宋中期以前，宋人饮茶的方式也是多种多样，而且不少承袭了唐代的饮茶方法，即把姜、盐、桂、椒等加入茶中一并喝掉，以掩盖或压制茶的苦味。不过当时的南方人不太接受这种口味，苏东坡的弟弟苏辙就曾吐槽道：“又不见北方俚人茗饮无不有，盐酪椒姜夸满口。”

而酷爱喝茶的苏东坡本人，虽然对这种饮茶方法谈不上喜欢，却也能接受，所以他在饮茶时也会“姜盐拌白土，稍稍从吾蜀”，依照其老家四川的习俗，在茶中加入姜和盐来煮饮。据说他在山东饮茶时，还把芝麻酱加入茶中一起烹煮饮用。

后来，有友人给苏东坡寄了一些建安好茶。“老妻稚子不知爱，一半已入姜盐煎”，以为建安茶也要加入姜和盐来煮饮，结果破坏了建安茶的清香。殊不知这种茶用点茶法来饮才最有味道。

由此可见，当时许多人在饮茶时并不只用一种饮茶方式，既有承袭唐代的习俗，也有一些新创的方法。加之中国古代文学家在进行创作时偏爱引用典故，所以诗文中的一些类似题材也会被后人不停沿用。在饮茶方面，许多文人在言及制作茶饮时，仍然会使用唐代时的“煎”“烹”一类的字眼，如丁谓在《煎茶》中写道：“吟困忆重煎。”林逋在《茶》中也写道：“乳香烹出建溪春。”等等。所以，当宋人在喝茶说“煎”“烹”的时候，我们很难确定他们的准确方式，就是因为当时没有明确的主导茶艺方法。

这种多种饮茶方式并存的局面直到北宋仁宗时期蔡襄所著的《茶录》出版之后，才得到根本性的改观。在《茶录》一书中，蔡襄详细地介绍了点茶的具体方法。与此同时，当时的王宫贵族、文人雅士们也开始热衷于自创各种饮茶方法，尤其是对建安茶及其点试方法的推重，再加上北宋的仁宗皇帝对北苑茶及其煎点方法的

青睐，以及到大观年间，宋徽宗赵佶亲自撰写《大观茶论》，从而使得讲究“细碾点啜”的点茶法在宋代并存的多种饮茶方式中逐渐脱颖而出，并很快在宋代茶艺中占据了主导地位，茶文化精致化的追求达到了顶峰。

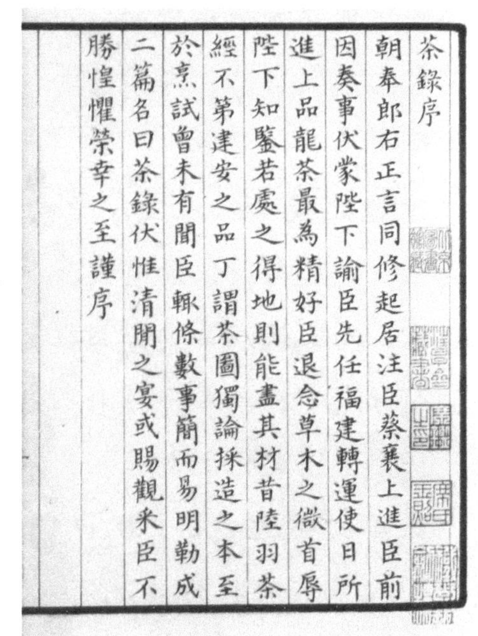
茶錄序
朝奉郎右正言同修起居注臣蔡襄上進臣前因奏事伏蒙陛下諭臣先任福建轉運使日所進上品龍茶最為精好臣退念草木之微首辱陛下知鑒若處之得地則能盡其材昔陸羽茶經不第建安之品丁謂茶圖獨論採造之本至於烹試曾未有聞臣輒條數事簡而易明勒成二篇名曰茶錄伏惟清閒之宴或賜觀采臣不勝惶懼榮幸之至謹序

蔡襄《茶录》

与唐代时期的煎茶、煮茶相比，宋代点茶的优势就在于它的“色香味”俱佳。煮茶最不利的地方就是对汤花难以把握。煮茶的汤花为“动”汤花，汤花会随着火力变化或隐或现，并且汤花变动，难以定型。而茶汤制成后，再分别倒入茶盏中饮用，又极大地破坏了汤花的形态。而且，对于煮茶时涌起的浪花般的茶沫，也只有煮茶人才能品味，其他客人很难一起围聚在火炉旁观赏，这就使品茶失去了许多乐趣。

点茶则恰好弥补了这一缺憾。点茶讲究的是“动静相间”的沫饽，运用击、拂等功夫使汤花翻转回旋，并可随着汤面的变化而随时停止、调节形态，一旦汤花成形，又可进行微调或保持不变。更令人拍案叫绝的是，宋代茶道中还有一种“分茶”绝活儿，其中一种方式，不需要任何工具，只凭借水流的冲击力，就能让茶汤表面浮现出千变万化的诗句和水墨画，比现在咖啡馆中的拉花表演更有技术含量，也更具中国艺术之美。当然，在茶汤之外，茶香、茶味同样比煮茶更能体现出品茗的意境。

通过比较可以看出，唐代的煮茶过程其实是茶味的一步到位，所成与所饮没有太多明显变化，缺乏一种含蓄的美和韵味；而宋代点茶更如曲径通幽一般，以巧妙的手法让茶香、茶味渐变，给人一种渐入佳境之感，因而这种艺术境界也更符合中国文化之韵味。

宋茶文化的盛行，既包含了对唐代茶艺的革新，也反映了世人普遍推行的盛况。在唐代饮茶风气盛行以前，酒文化曾经一家独大，魏晋时代甚至还盛行过以酣饮为标志的名士之风。但受宋代文化展现出来的内敛气质与士大夫们的清高意境的影响，之前那种狂放粗野的风气逐渐为世人所摒弃。取而代之的，是上至皇室、下至平民的饮茶之风随处可

《韩熙载夜宴图》（局部），绢本，宽 28.7 厘米，长 335.5 厘米，收藏于故宫博物院

见。与此同时，贡茶制度的建立及各地茶园的出现与倍增，也令宋茶从质量到数量都达到了前所未有的高度。点茶技艺就是在这种背景下出现并逐渐得以推广的，以至于后来的分茶、斗茶等高层次的茶艺也由之衍生并得以兴起，从而带领宋茶文化走向了真正的繁盛和辉煌。

如果说唐代陆羽努力将茶事变成了一种艺术、一种境界，那么宋人就将这种悬浮在空中的艺术和境界化为了日常。茶，在一定程度上代表了宋人的品质生活，宋人悠然的品性与茶也形成了很好的融合，从而将一个朝代的茶文化鲜活地展现在世人面前。借用苏轼的一句词："人间谁敢更争妍。"这句话放在宋茶文化身上是最合适不过的了。

三、宋徽宗与点茶文化

从唐代到宋代，中国茶叶的种植、制作以及品茶艺术等都有了较大发展，所以后人也认为中国的茶文化是"盛于唐而精于宋"。

宋代时，茶叶种植范围进一步扩大。据《宋史·食货志》记载，淮南、两浙、福建等地均有名茶生产。而茶叶的制作更以今福建省建瓯市的北苑茶最为著名，代表了宋代制茶技术的最高水平。伴随着宋代茶道的变化，点茶技艺也成为当时的一种时尚。

说到宋代的点茶文化，就不能不说宋朝的第八位皇帝宋徽宗赵佶。

中国历史上众所周知的皇帝，宋徽宗赵佶是其中一位。宋徽宗多才多艺，不仅诗文书画样样在行，有极高的艺术品位，还是一名出色的品鉴茶叶的专家。他日常喜欢品茶斗茶，单讲茶饮之道，他也是第一流的玩家兼专家，可与陆羽并列，最能品出茶的个中深蕴。

身为皇帝，宋徽宗有机会品尝来自全国各地的贡茶。为了追求便利和精致，他要求御茶苑将各种茶制作成精美的茶团。据《宣和北苑贡茶录》记载，宋徽宗在位期间，武夷山北苑的御茶园不能光做传统的龙凤茶团，必须要按照皇帝的心思变换花样，因此也制作出了几十种贡茶，如御苑玉芽、万寿龙芽、龙园胜雪、龙凤英华、太平嘉瑞、龙苑报春等等，以供皇帝玩赏品鉴。宋徽宗对各种各样的茶叶都乐此不疲，不仅深谙各类茶叶的采制之道，还亲自撰写《大观茶论》一书，详细地阐述了制茶之法和点茶真韵。

《大观茶论》共分为20篇，虽然不足三千字，其中却详细地记录了宋人采茶、择茶之精细，制茶之精巧，品评茶叶之兴盛，烹水点茶之精妙，无一不达到了登峰造极的程度。其中最精彩的部分，就是描述了流行于当时的“点

茶法”的细节和精髓。比如，在描写点茶手法时是这样写的：

“点茶不一，而调膏继刻。以汤注之，手重筅轻，无粟文蟹眼者，谓之静面点。盖击拂无力，茶不发立，水乳未浃，又复增汤，色泽不尽，英华沦散，茶无立作矣。有随汤击拂，手筅俱重，立文泛泛，谓之一发点。盖用汤已故，指腕不圆，粥面未凝，茶力已尽，雾云虽泛，水脚易生。妙于此者，量茶受汤，调如融胶。环注盏畔，勿使侵茶。势不欲猛，先须搅动茶膏，渐加击拂，手轻筅重，指绕腕旋，上下透彻，如酵蘖之起面。疏星皎月，灿然而生，则茶面根本立矣……”

不仅如此，宋徽宗还将自创的“七汤点茶法”写入《大观茶论》中，将点茶流程分为七个步骤，详细地写下来，每个步骤都有条不紊、细腻生动，对点茶时手指、手腕的力道以及对工具的运用等，都进行了恰到好处的描述，由此也可以看出宋徽宗本人对点茶的热爱，以及所具备的极高的点茶技巧和经验。

点茶所用的茶为饼茶，所用的茶器有茶焙、茶笼、砧椎、茶铃、茶碾、茶罗、茶盏、茶匙、汤瓶等。点茶的技艺有炙茶（炭火烤干水汽）、碾茶（将茶块研成粉面）、罗茶（用绢罗筛茶）、候汤（选水和烧水）、熁盏（用开水冲洗茶盏）和点茶（注水击拂）等基本过程。也正是凭借着点茶过程中的这些繁琐工序，宋人在品茶上玩出了新花样，并借点茶生分茶之道，又借分茶起斗茶之风。

宋徽宗自己嗜茶，所以也带动了王公贵族们一起饮茶、品茶、斗茶。他还特别指出，只要是涉及喝茶、存茶、点茶，无论阶级贫富贵贱，都可以从中讲究精致高雅的品位，而享有闲情逸致的生活。具体说到追求精致的饮茶方式，他认为："莫不碎玉锵金，啜英咀华，较筐笥之精，争鉴裁之妙。"人人都喝茶、蓄茶、点茶、斗茶，也就都能从中体会到饮茶的乐趣，"可谓盛世之清尚也"，见解精辟，论述深刻。

在皇帝的带领下，宋代好茶之风盛行，上至皇家贵族，下至平民百姓，无一不爱茶、饮茶。与此同时，人们对茶的热爱也带动了文人雅士们以"茶"为主题的创作风尚，北宋著名诗人范仲淹就曾作过一首《和章岷从事斗茶歌》，其中写道："鼎磨云外首山铜，瓶携江上中泠水。黄金碾畔绿尘飞，紫玉瓯心雪涛起。"生动地描绘出了当时众人斗茶的情景。

除此之外，在一些关于皇家集会的记载中也有相关描写，比如《延福宫曲宴记》中就有记载："（北宋宣和二年冬）上命近侍取茶具，亲手注汤击拂。少顷，白乳浮盏面，如疏星淡月。顾诸臣曰：'此自烹茶。'饮毕，皆顿首谢。"意思是说，宋徽宗亲自注汤击拂，然后分赐群臣。皇帝亲自动手，将点好的茶分赏给群臣，这是何等的荣耀和光彩，从中也可以看出点茶、斗茶之风在宋代的盛行与昌盛。

点茶之所以被人称为是一种艺术，除了它所具备的优美技法和精妙过程外，还在于它在宋人的演绎中产生了一项极为重要的技巧，就是分茶。南宋诗人陆游曾作《临安春雨初霁》一诗，其中有两句："矮纸斜行闲作草，晴窗细乳戏分茶。"这"分茶"可不是寻常的品茶，也不同于斗茶，而是一种独特的茶游戏。陆游将"戏分茶"与"闲作草"相提并论，可见这并非一般的玩耍，而是一种当时文人喜爱与时尚的文化艺术活动。

分茶又称茶百戏、水丹青、汤戏，是在点茶时追求茶汤的纹脉所形成的过程。它的绝妙之处就在于点茶击拂产生细腻沫饽，可以在茶水表面创作出各种山水、花鸟甚至诗句，可谓神乎其技。宋初陶谷《清异录》也写道："近世有下汤运匕，别施妙诀，使汤纹水脉成物象者，禽兽虫鱼花草之属，纤巧如画，但须臾即就散灭。此茶之变也，时人谓之'茶百戏'。"可见宋人已将点茶玩出了新花样。

可以说，宋代点茶文化的兴起和繁盛与宋徽宗的推崇是分不开的，它既是宋代繁盛文化的有机组成部分，同时也成为中国茶艺的一大高峰，书写了华夏文化的光辉篇章。

四、点茶文化的海外发展

中西文化的交流，最初是通过著名的丝绸之路开始的。自从西汉的张骞出使西域后，古代中国与西域各国的官方交往便展开了，此后丝绸之路上的商贸活动和文化交流越来越频繁，规模也越来越大。在这期间，中国的茶文化也开始向欧亚等国家传播。

与向欧洲国家传播相比，中国茶文化在亚洲本土的传播有着更加便利的条件。中国茶叶传入日本最早可追溯到隋唐之际，茶叶随着佛教一起进入日本。到了唐贞元、永贞年间（公元 785—805 年），日本天台宗开创人最澄和尚来唐朝取经，在返回日本时不仅带回了大量的佛经，还带回了茶种。随后，他将这些茶种播种在台麓山的神社旁，开启了日本种植茶树生产茶叶的历史，最澄和尚也被称为日本种茶的开拓者。

到南宋时代，日本僧人荣西和尚曾先后两次来中国求学，其间认真地进行茶学研究，并再度由中国引入茶种，在日本种植茶叶。他还在佛教中大力推行茶礼仪，传播中国的点茶法。同时，荣西和尚还编写了《吃茶养生记》一书，极力宣扬饮茶的延年益寿功效。荣西和尚也因此被公认为是日本茶道的奠基人。

1259—1260 年间，日本南浦绍明禅师来到中国杭州的

荣西和尚

径山寺求学取经，并学习了茶宴仪式。南浦绍明禅师回国时，便将宋代的点茶用具带回了日本，积极在日本传播点茶文化和茶宴礼仪，点茶文化开始在日本发展起来。到了日本南北朝时期，在文人和武士的参与下，各种茶会逐渐完善，并形成了固定程序，这也是点茶法在日本最初的发展。

发展到室町幕府时代，日本茶会有了形式上的改变，饮茶场所也由原来的茶亭改为室内的铺室客厅，称为“座敷”。后来，日本民间又出现了名叫“数寄屋”的茶会，这种茶会明确提出了以节制欲望和修身养性为饮茶的最高境界，成为日本茶道的萌芽。

到16世纪,日本进入群雄争霸的时期,人们都盼望和平。生于此时的富商千利休因酷爱茶道，便在此时顺应时势，试图利用饮茶而让人们警醒，于是就在“数寄屋”的基础上创立了“陀茶道”，这也是一以贯之的日本茶道。

日本在举行点茶时，对茶室的要求非常严格。茶室的面积很小，外观看起来与农舍差不多，木柱草顶。客人在进入茶室前，都先要洗手漱口，寓意着茶道场所为圣洁之地。

茶室设有小门，小门附近安排有石灯、篱笆、踏脚和洗手处等，环境洁净雅致。茶室中用于点茶的茶具多取自唐宋款式，烹点品饮器具多达20余种。

日本的茶道讲究循规中则，有“四规”“七则”之说，其中的“四规”是以“和、敬、清、寂”为宗旨的茶道；而“七则”是指具体的饮茶法式，包括点茶的浓淡、茶水的质地、烹茶的水温、火候的大小、茶炉的位置、烹茶的用炭和茶室的插花，这一切都有着严格的规矩，同时也表明人们更注重的是点茶和饮茶过程中所获得的精神享受。

与日本相比，中国茶叶传入朝鲜的时间要更早一些；但和日本一样，最初的茶文化也是在僧人阶层中流行起来的。公元 828 年，新罗来唐朝的使者大廉带回了茶种，种植在华岩寺周围。此后至今，朝鲜一直都有茶叶的种植和生产，并且还逐渐确立起了茶礼风俗。

中国茶叶向南亚地区的传播就要晚一些了。在两宋之际，东南沿海的海岸贸易较为发达，其中主要贸易对象为南亚诸国，而输出的货物中就有茶叶。但直到 16 世纪，南亚才开始引进中国茶种，在苏门答腊等地种植起来。

千利休

中国茶叶传入欧洲大约是在元明之际，马可·波罗等一些欧洲旅行家来到中国后，看到和体验到了中国茶文化的博大精深，于是就将饮茶风俗介绍到了西方。欧洲人一开始是将茶饮作为药饮来认识和接受的，但这却对茶叶向西方的传播起到了积极作用。

遗憾的是，此时中国的点茶文化已经衰落。到了元代，茶艺一改宋人的琐细，变得简约清新起来。元人除了保留少量茶饼作为贡茶以外，开始大量生产散茶。而散茶的普及也推动了饮茶方式的简易化，促进了茶艺的简约化发展趋势。

明代初，明太祖朱元璋认为茶农们投入大量时间和精力来制作点茶用的茶饼，达官贵人们每天又要花费大量时间和金钱来斗茶玩乐，实在是一种对资源的浪费和挥霍，于是下旨“罢造龙团，惟采芽茶以进”，使曾经盛行的斗茶之风一扫而去。此后，中国也开启了清饮喝茶的新风尚。

在这种历史背景下，点茶文化在海外的发展也受到了限制。西方人对茶的接纳本来就是从科学角度出发的，而不是从文化角度，同样的饮品自然选择简单的方式。他们为了寻求让体魄更强健的妙方，经过谨慎的比较，才最终选择了茶，所以茶最早是作为一种药物进入欧洲，后又逐渐以饮品的方式进入到西方人的饮食等文化当中。不可否认的是，作为饮品的茶，在东西方文化交流中发挥了相当重要的作用。

第二章 点茶文化

一、宋茶中的诗词歌赋

自从中唐以来，茶便与文人结下了不解之缘，饮茶、品茶也成为文人的一种精神寄托和精神享受。茶，由于其精细的采摘之工、制作之巧、形态之美，加之品饮过程又极具艺术情趣，所以也成为文人们欣赏歌咏的对象。另一方面，茶又是一种对人的精神世界起到刺激作用的饮品，可以扬清去浊、致清导和，引起心灵的愉悦。所以，文人雅士们自然纷纷行之以歌咏。在宋代文学当中，茶也是一个重要的题材，以茶和茶事活动为表现对象的诗词歌赋数量众多、脍炙人口，成为宋代文化中的一笔巨大财富。

在唐诗的光辉掩蔽之下，宋代的诗歌显得不那么耀眼。但不论是从作者数量还是作品数量上，宋诗都要远远超过唐诗，并且有着与唐诗完全不同的时代特征和审美情趣。尤其是有关宋茶的诗词歌赋，内容更加丰富，风格也更加多样，其发展脉络与整个宋诗都是一致的。

宋代茶诗的第一个高峰时期是真宗、仁宗时期，这个时期也是“前丁后蔡”（指丁谓与蔡襄，出自苏轼《荔枝叹》中“武夷溪边粟粒芽，前丁后蔡相宠加”）活跃的时期。两人都曾担任福建转运使，负责制作贡茶，以龙团、凤饼为名，即以金银模型压制饼茶，有各种各样的图像，很是精致美观。当时诗人王禹偁就曾写《龙凤茶》一诗赞美这种饼茶，其中写道：“香于九畹芳兰气，圆似三秋皓月轮。”可见这种饼茶的香气之佳和形状之美。

此时的茶事之盛也是前所未有，在这期间，丁谓和蔡襄也创作了大量的茶诗，详细地描写了北苑贡茶的采摘、制作、评茶等环节。如丁谓的《北苑焙新茶》就写了早春采茶时的场景：“才吐微茫绿，初沾少许春。散寻萦树遍，急采上山频。宿叶寒犹在，芳芽冷未伸。茅茨溪口焙，篮笼雨中民。”

而蔡襄的《造茶》则描述了造茶时的场景，以及茶制出来后的形态和色泽：“屑玉寸阴间，抟金新范里。规呈月正圆，势动龙初起。焙出香色全，争夸火候是。”再如《试茶》一诗，又生动地描写了试茶过程中冲泡贡茶的细节：“兔毫紫瓯新，蟹眼青泉煮。雪冻作成化，云间未垂缕。愿尔池中波，去作人间雨。”从茶器的考究，到清泉煮沸、冲茶过程中茶形的变化等，都描写得生动美妙。

宋代著名文学家范仲淹的《和章岷从事斗茶歌》长诗，堪称是这一时期有关茶诗茶赋创作的巅峰之作。这首诗如行云流水般，生动地描绘了采茶、焙茶、制茶、斗茶的过程，同时又集叙事、描写、议论、抒情于一体，使人读来如临当时之场景，既活泼风趣，又生动雅致。

比如，在写采茶时，诗中写道：

“新雷昨夜发何处，家家嬉笑穿云去。露牙错落一番荣，缀玉含珠散嘉树。终朝采掇未盈襜，唯求精粹不敢贪。”

读来仿佛眼前出现了一幅美妙清新的采茶图。

接着是写焙茶、制茶：

“研膏焙乳有雅制，方中圭兮圆中蟾。”

再写斗茶：

“北苑将期献天子，林下雄豪先斗美。鼎磨云外首山铜，瓶携江上中泠水。黄金碾畔绿尘飞，紫玉瓯心雪涛起。斗余味兮轻醍醐，斗余香兮薄兰芷。其间品第胡能欺，十目视而十手指。胜若登仙不可攀，输同降将无穷耻。”

最后又对这个过程进行了充满夸张又浪漫色彩的议论和抒情：

“于嗟天产石上英，论功不愧阶前蓂。众人之浊我可清，千日之醉我可醒。屈原试与招魂魄，刘伶却得闻雷霆。卢仝敢不歌，陆羽须作经。森然万象中，焉知无茶星。商山丈人休茹芝，首阳先生休采薇。长安酒价减千万，成都药市无光辉。不如仙山一啜好，泠然便欲乘风飞。君莫羡花间女郎只斗草，赢得珠玑满斗归。”

范仲淹的这首脍炙人口的斗茶诗既描写了宋代文人雅士、王公贵族们在闲适的茗饮中采取的一种高雅的品茗方式，又展现了当时的茶技、茶艺以及茶品的高超。

在范仲淹之后，北宋的“文坛领袖”欧阳修和宋诗的“开山鼻祖”梅尧臣也写了大量的茶诗茶词。两人本就是好友，相交深厚，两人也都爱品茶，所以经常一起品茗赋诗，相互唱和，交流品茶感受，这也将宋代茶诗茶词创作推向了繁盛时期。

一次，欧阳修写了一首《尝新茶呈圣俞》的诗，便寄给梅尧臣，诗中就用优美的词句赞美了建安的龙凤团茶：

“建安三千里，京师三月尝新茶。人情好先务取胜，百物贵早相矜夸。年穷腊尽春欲动，蛰雷未起驱龙蛇。夜闻击鼓满山谷，千人助叫声喊呀。万木寒痴睡不醒，惟有此树先萌芽。”

同时，诗中对烹茶、饮茶的器具以及共同品茶的客人等也颇有讲究：

“泉甘器洁天色好，坐中拣择客亦嘉。”

由此可见，欧阳修认为品茶时需要水甘、器洁、天气好，还需要共同品茶的人要投缘，这样才能达到品茶的最高境界。而梅尧臣在回应欧阳修的这首诗中，就称赞了他对茶品的品鉴力：

“欧阳翰林最别识，品第高下无攲斜。”

宋代发展到神宗、哲宗之时，苏轼成了新的文坛领袖，他周围也集结了如黄庭坚、苏辙、秦观、米芾等文人学士，这些人又形成了一个新的茶文化圈子，成为北宋时期最为活跃的茶诗茶词创作团体。

与其他的文人雅士或达官贵人不同，苏轼自己是种过茶的，也尝试过多种多样的烹茶方法，所以他的茶文化生活相当丰富，由此也创作出了大量的优秀文学作品，如《寄周安儒茶》《试院煎茶》《和钱安道寄惠建茶》《叶嘉传》《次韵曹辅寄壑源试焙新芽》等等，既有茶叶的采摘、制作过程描写，也有品赏过程的美妙，还有对茶品及品茶技法和境界的追求。

苏轼

此外，黄庭坚、秦观、苏辙、晁补之、米芾等人也都创作了很多有关茶的诗词歌赋，无不体现了当时茶诗茶词创作的高超水平。

到了宋徽宗时期，宋代斗茶之风兴起，品茗的技巧和趣味性都大大提高。宋徽宗还亲著《大观茶论》，其中有云："而天下之士，励志清白，竞为闲暇修索之玩，莫不碎玉锵金，啜英咀华，较筐筥之精，争鉴裁之妙，虽否士于此时，不以蓄茶为羞，可谓盛世之清尚也。"在皇帝的带领下，茶诗的创作也迎来一个新的高峰，陆游、范成大、杨万里、周必大等人都创作出了许多与茶有关的佳作，比如陆游的《雪后煎茶》《听雪为客置茶果》等，多表现了诗人随遇而安、随缘自适的豁达胸怀。

杨万里的茶诗也比较多，并且体裁多样，尤其是《澹庵坐上观显上人分茶》，被认为是宋代描写分茶艺术最为形象的一首诗，其中写道：

"分茶何似煎茶好，煎茶不似分茶巧。蒸水老禅弄泉手，隆兴元春新玉爪。二者相遭兔瓯面，怪怪奇奇真善幻。纷如擘絮行太空，影落寒江能万变。银瓶首下仍尻高，注汤作字势嫖姚。不须更师屋漏法，只问此瓶当响答。紫微仙人乌角巾，唤我起看清风生。京尘满袖思一洗，病眼生花得再明。汉鼎难调要公理，策勋茗碗非公事。不如回施与寒儒，归续《茶经》传衲子。"

既开门见山地点名了分茶的奥妙，又详细描写了分茶的技艺，犹如满天飞絮一般纷纷行于太空，又如寒江的落影一般茫茫变化无穷。这样熟练高超的技巧，恐怕只有神仙下凡才能做到吧?

总而言之，宋代茶文化中的诗词歌赋就像唐代诗人白居易的诗句说的那样：“或饮茶一盏，或吟诗一章”“或饮一瓯茗，或吟两句诗”。茶与诗词一样，成为宋代文人们生活中不可或缺的一部分，因此相袭相传，使茶诗、茶词在茶文化的形成和发展过程中成为一种别具一格的文化现象，同时也成为宋代点茶文化的精髓所在。

二、宋代茶书与茶画

宋代是茶艺繁荣的时代，随着茶叶制作的精致化，茶的欣赏价值也大大提高了。人们开始在点茶和饮茶时发现其美感，并将点茶形式程序化，从而形成了各种各样的茶艺术。茶书和茶画便是在这种社会背景下逐渐产生的。

宋代文化是中国文化的一个高峰，而宋茶又是中国茶的高峰，所以有关茶的各种专著在宋代也十分盛行。说起宋代的茶书，就不能不说蔡襄的《茶录》。蔡襄曾担任福建转运使，在任期间，他负责监制北苑贡茶的采摘、制作事宜，并创制了小龙团等新品茶，可见其确是一位真正爱茶懂茶的官员，而《茶录》就是蔡襄结合自己的实际经历和经验撰写的一部茶书。

点茶人必读的一本巨著是宋徽宗的《大观茶论》。这本书也是中国茶人需研读的书。此书在点茶界具有里程碑的地位，在中国评茶史上也具有举足轻重的地位。宋徽宗是一位出色的艺术家，不仅擅长吟诗作画，还以精茶艺而著名。在《大观茶论》的开篇，就显示了宋徽宗对茶的特别喜好和对品茶的独特体会。他认为茶与其他日用品一样，是日常生活中不可缺少的，但茶又与其他日用品不同，因为茶叶吸取了天地间的灵气和精华，不仅能消除人体内的瘀滞，还能让人精神清、和，“茶之为物，擅瓯闽之秀气，钟山川之灵禀，祛襟涤滞，致清导和”。正因为如此，宋徽宗认为品茶是一种“清尚”行为。

《大观茶论》一书中，既详细地记载了北苑茶的种植、采造和藏焙技术，又写了饼茶的鉴辨技术，以及点茶技艺和品茶艺术等。宋徽宗是宋代著名的点茶高手，在《大观茶论》中关于制茶藏茶的奥妙、点茶的技艺、茶色香味的品鉴以及点茶用具的论述，都成为宋代茶书中最为精彩的部分。尤其是其中所描述的手轻筅重、指绕腕旋的“七汤点茶法”，更是成为古代茶学的经典。

由于宋代宫廷有茶仪茶宴，还有研究茶学的帝王，所以许多文人、官吏等也都纷纷下功夫研习茶道，由此其他一些有关茶的书籍也纷纷问世，如黄儒的《品茶要录》、丁谓的《北苑茶录》、赵汝砺的《北苑别录》、审安老人的《茶具图赞》、叶清臣的《述煮茶泉品》等等。这些有关茶的著作不仅体现了宋代在选料制茶方面已臻穷极，在工艺之繁复上也达到了中国茶史的巅峰，与茶相关的内容也受到关注与研究。

与茶书同时发展的还有宋代的茶画。作为中国的一种传统文化，绘画艺术与茶文化在魏晋时期就已结缘，品茶、赏画、焚香、听琴这些古代文人士大夫热衷的集会雅事，发展到唐宋时期更是散发出独特的幽韵。唐代的饮茶风尚在陆羽的推动下，逐渐在文人雅士中蔓延开来，而中唐之后，随着茶事活动的兴盛，茶也成了文人雅士竞相咏颂的题材。

唐代的绘画主流是工笔人物画，用色富丽，高贵典雅，与茶事相关的作品也多以人物画为主，各种茶事活动只作为辅助出现在画面之中。发展到宋代，茶画内容日渐丰富多样，既有反映士大夫集会的宫廷茶宴，也有描绘庙堂高士品饮的小型雅集，更有体现民间斗茶的风俗画作，这些为数众多的茶画大都出自宋代名家之笔。

比如刘松年的《撵茶图》，就是用工笔白描的形式描绘了宋代从磨茶到烹点的具体过程、用具以及点茶场面。

在棕榈树前峭立的太湖石边，左前方有一名奴仆正坐在矮几上转动茶磨磨茶。往里，桌上有筛茶的茶罗、贮茶的茶合等，有一人立于桌边，正提着汤瓶点茶，他的左手边是煮水的火炉、水壶和茶巾，右手边是贮水瓮，桌上还放着茶筅、茶盏和茶托。而画面的右侧还有三个人，其中有一位僧人正伏在几案上执笔作书，传说这个僧人就是中国历史上著名的书法家怀素。僧人对面和侧面各坐有一人，似乎都在欣赏僧人的书卷。一切都显得十分安静整洁，专注有序，展示出了园中文人雅集、点茶助兴的场景，是宋代点茶品茶的

刘松年《撵茶图》

真实写照。

刘松年是浙江杭州人，也是南宋孝宗、光宗、宁宗的宫廷画师，擅长人物画。他一生中创作了不少的茶画作品，除《撵茶图》外，还有《茗园赌市图》《斗茶图》《卢仝烹茶图》等。这些关于茶事的绘画都反映了民间爱茶之人点茶、斗茶的真实场景，在每一幅画作中，画家对人物动态、面部表情，以及斗茶的器具、场所等，都进行了细腻的刻画，从而使茶事活动淋漓尽致地展现在世人眼前。

除了文人雅士和民间百姓点茶、斗茶的场景外，王公贵族们品茶、斗茶的场景在宋代绘画作品中也多有体现，比如现藏于台北故宫博物院的一幅由宋徽宗赵佶与宫廷画师共同创作的《文会图》，就充分描绘了王公贵族与文人雅士会集的盛大场景。

刘松年《卢仝烹茶图》

《文会图》（局部）

在一座豪华的庭园中，池水、山石、朱栏、杨柳、翠竹交相辉映，中部设有一座巨大的茶案，案上摆放着珍馐美味、杯盘碗盏，客人们围坐其旁，相互交谈，神情各异。茶案之后，花树之间又设一桌，上置香炉与琴。画面下方几案旁，侍者往来其间，正为客人沏茶、点茶、分茶、奉茶，各司其职。整个画面盛大热烈，人物形态栩栩如生，细致的笔法刻画出了文人雅士在园林中集会品茗的盛况，同时也反映了当时茶文化的兴盛。

除此之外，在宋代绘画中，不少僧人的人物画题材也有涉及茶饮文化，如苏汉臣的《罗汉图》、李嵩的《罗汉图》等，都生动地描绘了当时不同阶层、不同身份的爱茶之人品饮、点茶的场景。

总之，宋人对点茶、斗茶、品茶活动乐此不疲，从市井民间到文人雅士、寺院僧侣、帝王贵胄，无不爱茶，茶文化也成为宋代文化的一个重要分支。不管是宋代的书籍、绘画，还是诗文、书法，都多次以茶事活动作为创作对象，他们对茶事活动的热爱远远超过了唐代，因此也留下了大量的传世佳作，使今人对古人的士人风雅多了一层更深的体味。

宋代人喜欢茶书、茶画，而茶书与茶画本身蕴藏着大量的茶文化元素，这些既为后人了解宋代点茶文化提供了借鉴，也为点茶文化的传承提供了载体。

三、妙趣横生的文人斗茶

宋代饮茶之风盛行，与此同时，宋代又是一个文人士大夫最为自由和放松的朝代，所以在这些文人墨客的生活当中，便又因饮茶而产生了一种斗茶风尚。

所谓“斗茶”，就是人们优选上等佳茶，通过一些特别的方式来进行比试，也叫“斗茗”“茗战”。据有关文献记载，斗茶最早起源于福建建安民间，这里盛产茗茶。自五代至北宋，建安历代都是贡茶的基地。官员们为评选出最好的茶献给朝廷，便在每年的春季举行评茶会，也就是斗茶会。通过斗茶获胜者，可获得出产贡茶的机会。

此后，这种以评茶的品质而产生的斗茶便逐渐在全国推广开来，并从最初的民间流行到宫廷之中。不管是茶农之间、茶贩之间、茶人之间，还是文人墨客、王公贵族之间，都热衷于斗茶活动，这对茶艺茶学的发展和普及起到了非常重要的推动作用。宋徽宗还曾专门写诗描写斗茶：“上春精择建溪芽，携向芸窗力斗茶。点处未容分品格，捧瓯相近比琼花。”可见点茶艺术在宋代的兴盛与普及。

宋代画家刘松年所绘的《茗园赌市图》，就生动形象地描绘了人们在茶市上斗茶的场景：

画面右方为一卖茶的妇人，她带着一个孩子，左手托着茶器，右手提着茶炉。她似乎感觉自己无法与身边的一个男茶贩作敌手，于是正愤愤地准备离开。在这个妇人身后，是个挑担的茶贩，他的挑担上陈列着各种各样的茶器，上面

刘松年《茗园赌市图》（局部）

还贴有“上等江茶”的标签。

而整个画面的中心，描绘的正是斗茶的场景。有五个男子正在斗茶，他们将茶器装入提篮中，挂在腰间，随带茶壶、茶炉，有的正在往茶杯中注汤，有的正在品饮。还有一个茶贩，似乎被斗败了，正悻悻地提着茶炉准备离开斗茶现场……

民间斗茶之风既起，文人自然也不甘落后，于是，嗜茶的文人之间往往也三五个知己相约，选择一个精致雅洁的场所，在花木扶疏的庭院之中，各自取出所藏的珍贵茶品，轮流品评，以分高下，以斗茶为乐。传说苏舜钦之兄苏舜元（字才翁）曾与蔡襄斗过茶。在宋人江休复的《嘉祐杂志》中，就记载了一则苏舜元与蔡襄斗茶的故事：在斗茶时，原本蔡襄的茶叶质地更好，他在沏茶时用的是惠山泉水，而苏舜元所用的茶叶质地比蔡襄的茶略差一些，但他却用了翠竹浸沥过的水，点茶之时竹香盎然，于是胜出。

由于对斗茶的嗜爱，苏东坡还写了一首《水调歌头》，专门描绘建安采制春茶后当即斗试的场景：

已过几番雨，前夜一声雷。

枪旗争战建溪，春色占先魁。

采取枝头雀舌，带露和烟捣碎，结就紫云堆。

轻动黄金碾，飞起绿尘埃。

老龙团，真凤髓，点将来。

兔毫盏里，霎时滋味舌头回。

唤醒青州从事，战退睡魔百万，梦不到阳台。

两腋清风起，我欲上蓬莱。

据蔡襄在《茶录》中记载，宋代民间流行斗茶后，这一风气很快就在文人士大夫阶层流行起来，紧接着帝王贵胄、禅门僧侣也纷纷加入斗茶风气之中，形成了宋代特有的茶文化现象。

宋徽宗赵佶在位期间，一生爱茶、嗜茶成癖，经常在宫廷中宴请群臣，与大家一起斗茶取乐。由此可以说，宋代上至皇帝，下到百姓，无不好斗茶之乐，而斗茶的人也大都是一些名流雅士。每次有斗茶活动时，围观者众多，就像我们现在看一场球赛一样热闹。不同的是，斗茶要文雅得多，文化内涵也更加丰富。

每年的清明时分，新茶初出，最适合参斗。斗茶的场所也颇为讲究，大多选在一些颇具规模又环境优雅的茶叶店，或者是二层建筑的茶室内，这种茶室当时叫作“茶亭”。客人们先在楼下的“客殿”内等候，等到茶亭主人邀请后，再到二楼的“台阁”去斗茶。“台阁”四面有窗，文人雅士来这里斗茶的同时，还可以眺望窗外的景色。室内的屏风上还挂有名人字画，屏风前桌上铺有织锦，上面放着香炉烛台。“台阁”旁边还设有厢房，里面放满了各种奖品，以奖励那些在斗茶中获胜的人。

参与斗茶者人人都拿出自己所藏的珍贵茗茶，然后轮流烹煮，相互品评，以分高下。在斗茶过程中，可以两个人斗，也可以多人一起斗。据宋人所著的笔记记录可知，斗茶大致可分为三个方面，分别为斗茶品、斗茶令和茶百戏。

其中，斗茶品是决定斗茶胜负的标准，一斗汤色，二斗汤花。在斗汤色时，“茶色贵白”“以青白胜黄白”，也就是以汤色纯白为上，青白、灰白、黄白等而下之。汤花是指茶汤面上泛起的沫饽，决定汤花优劣要看三个标准：是否丰厚、是否细腻以及是否持久。

斗茶令也就是古人在斗茶时所行的茶令，类似于现在的行酒令。这也是文人墨客们在斗茶过程中玩的一种风流文雅、睿智隽永的游戏。茶令规定，斗茶中的赢家才可饮茶，输家不可饮茶，这又增加了游戏的趣味性和挑战性。由于斗茶令既能融洽气氛，又能提高饮茶品位，故而文人士大夫们纷纷争相效仿，风行一时。就连南宋著名女词人李清照，也非常热衷于各种斗茶游戏。

据记载，李清照不仅爱茶，更嗜好行茶令游戏，自己甚至还独创了一种妙趣横生的茶令游戏。在金兵侵入中原之前，她经常与丈夫赵明诚一起煮茶品茗，玩一种“赌书戏茶”的行茶令，也就是以茶行令，通常为问答式，内容以考经史典故知识为主，如某一典故出自哪一册、哪一卷、哪一页、哪一行等，以是否说对来决定胜负，胜者可饮茶以示庆贺。李清照自己在《金石录后序》中也记录了自己与赵明诚共行茶令的趣味场景：

“余性偶强记，每饭罢，坐归来堂烹茶，指堆积书史，言某事在某书、某卷、第几页、第几行，以中否角胜负，为饮茶先后。中即举杯大笑，至茶倾覆怀中，反不得饮而起。”

可以看出，两人在行茶令过程中，才思敏捷、博闻强记的李清照总能获胜，这种游戏也为他们的生活增添了无穷乐趣。

茶百戏又称汤戏或分茶，是宋代流行的一种茶艺，也是文人士大夫们十分喜爱与崇尚的一种文化活动。它是指在茶上呈现字、画，非常奇妙。宋代陶谷在《清异录·茗荈·生成盏》中就写道：“馔茶而幻出物象于汤面者，茶匠通神之艺也。沙门福全生于金乡，长于茶海，能注汤幻茶成一句诗，并点四瓯共一绝句，泛乎汤表。”说的是僧人福全，可以一杯一句诗，四杯一首诗，而且久久不消，展现出极高的茶艺技巧。

宋代的文人雅士斗茶、品茶时，用的都是名贵的贡茶，配以名贵的建窑黑色兔毫纹茶盏，同其色胜雪乳的茶汤形成鲜明的对比，为斗茶、品茶增添了美感和情趣。所以，尽管当时斗茶之风风靡全国，但真正高层次的斗茶仍然只是上等阶层人士的所乐所为。

不过，作为品茗的一种手段，斗茶在宋代之后就不那么时兴了，但人们对茶品的品鉴仍然没有间断，只是方式有所改变，没有了以前那种“茗战”的气氛。即使到了近现代，茶品的定级仍然要通过比试才能确定，这种比试就演变成了品评鉴定会，许多新的优质茶品就是通过这种方式被发现和承认的。

摄影：非遗宋代点茶四世第十位记名 号伟

第三章 点茶技艺

一、宋代的制茶工艺

宋代时期的茶基本分为两类，一类是草茶，一类是片茶。草茶就是散茶，与我们现在所饮用的蒸青散茶相似；片茶也叫蜡茶，指的就是茶饼，也就是点茶时要用的茶。至于为何叫蜡茶，则是因为茶饼表面光滑、细腻、温润、油亮，有一种类似固态胶质之感，就像在上面打了一层蜡一样。而上等的蜡茶，更是呈现出一片紫色，如同紫玉般温润有光泽。

要了解点茶技艺，首先要先明白宋代的制茶法。其中，草茶与现今的散茶差不多，在此不再赘述。宋代制茶的最高工艺，主要体现在片茶上，这也是宫廷贵人、达官商贾才能享用的茶，也是点茶所需要的茶。

宋代时期的制茶法主要有七道工序，分别为采茶、拣茶、蒸茶、榨茶、研茶、造茶和过黄。

接下来就分别介绍一下这七道工序。

（一）采茶

在制茶的各道工序中，采茶是制茶的第一道工序。

唐代时期，人们对采茶的要求并不是很严格，但也有了一些讲究。陆羽在《茶经》中指出，采茶最好的季节是二月到四月（旧历），并且对天色也有要求，一般认为晴日无云的凌露之时是采茶的最佳时机。

到了宋代，宋人对采茶时节和时机要求都比较严格，认为惊蛰前后是采茶最好的时节。黄儒在《品茶要录》中称：福建以“惊蛰”为最好时机，在此前后，茶树开始发芽，而且“阴不至于冻，晴不至于暄，则谷芽含养约勒而滋长有渐，采工亦优为矣”。同时，对采茶的时间也有了具体要求，南宋时期赵汝砺在《北苑别录·采茶》中写道：“采茶之法，须是侵晨（凌晨），不可见日。侵晨则夜露未晞，茶芽肥润，见日则为阳气所薄，使芽之膏腴内耗，至受水而不鲜明。”宋徽宗在《大观茶论》中也指出：“撷茶以黎明，见日则止。”并且采茶工在采茶时，还要带一罐新汲井水，悬挂在胸前，采下的茶芽要马上投入罐内，以保持茶芽的色味不受影响。

另外，采茶时还要用指甲摘茶，不可用手指，因为“以甲则速断不柔，以指则多温易损”，用手指则会有汗渍和手温，影响茶的品质，导致“茶不鲜洁”。

（二）拣茶

拣茶也叫择茶，目的是“择之必精，濯之必洁”。唐代时制茶不需要拣茶，只需要采茶由挑选颖拔者采摘就行了。到宋代后，贡茶有了各种品级，所以对茶品的要求也更高了。在采茶时，就要根据不同的等级采下茶芽，之后再进行拣茶。具体做法是：先选择肥嫩的茶芽，剔除掉其中受冻害、病虫害的茶叶，以及老叶、残叶等，再对其进行分类，将其中的紫芽、百合、乌蒂等一一挑拣出来，然后再制成不同品级的名品贡茶。

（三）蒸茶

制茶的第三步是蒸茶。唐代时，蒸茶只需将茶芽放入甑中蒸菁。到了宋代，茶芽在蒸制前，会先放入清洁的容器内多次洗涤干净，然后再薄薄地摊铺在甑内，待锅内水沸腾后，再将装有茶芽的甑放到锅上蒸。蒸的火候也很关键，既不能蒸不熟，也不能蒸得太熟，一定要蒸得适度。蒸不熟，颜色会发青，点饮时容易沉入水底，味道也容易出现草木之气或桃仁之气；而蒸得过熟，则会变得色黄而味淡。只有蒸至适度的茶芽，饮用时才能味道甘香。

（四）榨茶

茶芽蒸过之后称作茶黄，此时需要立即用冷水淋洗几次，使之迅速冷却。之后，再将冷却后的茶放入小榨中，榨去其中的水分。接着，再将茶叶用布帛包裹起来，外面束以竹片，放入大榨中压榨，除去其中的膏汁。压至一半时，要取出来揉匀一次，再重复前面的步骤，放入大榨内继续压榨，直至将所有芽叶榨干为止。水分和膏汁都被压榨干净的茶叶，颜色如干竹叶色。

（五）研茶

唐代时，研茶通常用杵臼将茶叶捣碎成末；而宋代时研茶则是以柯木为杵，以陶瓷为盆，然后将压过膏的茶叶放入盆内捣研。

在研茶时，还需要分团酌水，然后不断研磨，直至水干茶熟。并且不止酌一次水，一般可分为二水、四水、六水、十二水、十六水等，反复研茶。不同的茶叶捣研的时间也各不相同，品质越好的茶叶，所需捣研时间也越长。比如龙园胜雪、万寿龙芽等高档茗茶，每天只能研一团；小龙、小凤、大龙、大凤等较粗的茶，每天可以研五团左右。

（六）造茶

当茶叶被研磨好，从盆中取出后，还需要经过揉匀，使之形成细腻的光泽。接着，再将其放入下垫银模（外有竹圈或银圈套起来的模子）中，制成各种形状的团饼。团饼从模子中取出后，再放在烘帘上焙干。

（七）过黄

过黄也叫焙茶。唐代时期，人们会将茶贯串后烘焙，但由于这样会导致茶饼上有洞，影响美观，所以宋代时期的贡茶便不用贯串法烘焙了，而是先用烈火焙干，再用沸汤熏蒸，如此反复三次后，而后再烘一次，第二天再用温火慢慢焙干。

至于烘焙的时间长短，要视茶团的薄厚来定；厚的茶团甚至要烘焙十几日，少的也要五六日。宋代庄绰（季裕）所著的《鸡肋编》中记载：“官焙有紧慢火候，慢火养数十日，故官茶色多紫。民间无力养火，故茶虽好而色亦青黑。”所以在《北苑别录》中，赵汝砺称茶饼的不同有从七宿火到十六宿火之别。

温焙过后，茶团被取出。此时尚不算完成，还需要用热水在茶团表面刷一下，称为出色。出色后，再将茶团放入密室内，用扇子扇干。至此，茶饼色泽才变得光亮、莹洁。

宋代时期的茶，从惊蛰采摘，到大约十几天后才能完成制茶工序，然后在清明之前贡达京师，以供皇帝荐宗庙、赐群臣。由于时间比较紧迫，制好的茶需要立刻封印，快马加鞭运往京城，所以这些茶也叫急程茶。

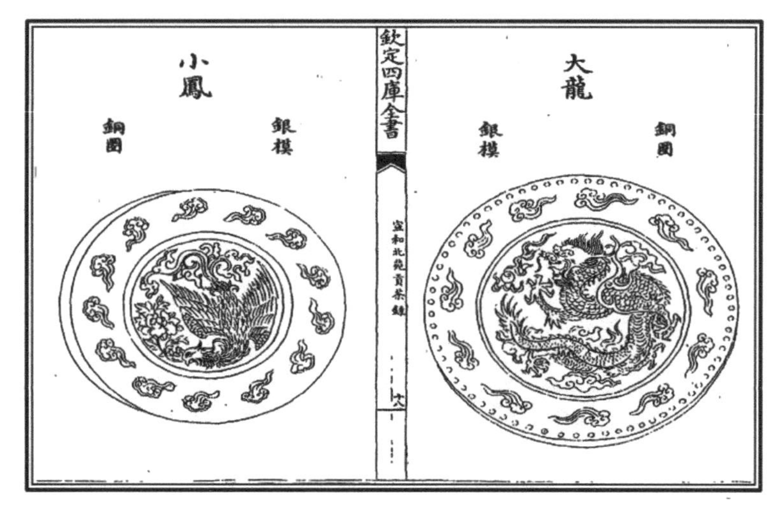

《宣和北苑贡茶录》插图（宋 熊蕃）

二、别具一格的宋代茶器

宋代著名诗人陆游有一首诗叫《雪后煎茶》：

雪液清甘涨井泉，自携茶灶就烹煎。

一毫无复关心事，不枉人间住百年。

古人饮茶不像我们现在：烧一壶开水，抓一小把茶叶撒入杯中，用水一冲，几分钟后就开喝。他们是非常讲究的，品茶饮茶最好在雨雪天、寒冬夜，这样的天气更能衬托出茶的温暖和醇香。

首先是特别讲究用水，这从“雪液清甘涨井泉”即可看出，沏茶最好用雪后的井水或山泉、溪水；然后用文火慢慢烧一壶水，并且炉具最好是红泥小火炉；最后，还要用专门的茶器茶具来沏茶，你一盏、我一盏，慢慢品饮，细细回味。

宋代人品茶饮茶，不仅对饮茶方式越来越讲究，对茶器茶具的分类也更加细致。尤其宋代的饮茶方式由唐代的煎茶、煮茶发展成为点茶后，茶器茶具也有所改变。1987 年，法门寺唐代地宫被打开，唐代宫廷茶器得以面世，整套金银茶器大小共有 25 件之多。但到宋代时期，饮茶方法虽然更讲究了，茶器却精简了许多，宋代蔡襄在《茶录》中记载的茶器包括茶焙、茶笼、砧椎、茶钤、茶碾、茶罗、茶盏、茶匙和汤瓶等九种，宋徽宗在《大观茶论》中专门论述的有碾、罗、盏、筅、瓶、杓。还有一些茶器具是会用到的，如茶炉、茶合、茶匙、茶巾、水盂等，其中茶瓶、茶筅和茶盏是点茶专用的重要茶器。

不过，宋人对茶器质量的要求却比唐代人高，宋人讲究茶器的质地，制作要求更加精美、细致。范仲淹就有诗云：“黄金碾畔绿尘飞，紫玉瓯心雪涛起。”陆游也曾写道：“银瓶铜碾俱官样，恨欠纤纤为捧瓯。”说明当时的王公贵族、文人雅士用的都是金银制的茶器。而民间百姓的饮茶茶器就没那么讲究了，一般做到“择器”用茶就可以了。

宋人认为，茶器除了要具有沏茶、品饮的性能外，还具有不同的性格，甚至在专门的茶器著作中，还赋予了它们一定的官职、字号等，将其“拟人化”，并配上形象的图画，这种趣味在茶史上还属头一份。而这份闲情意趣在南宋末年的《茶具图赞》中可见一斑。

《茶具图赞》成书于南宋咸淳五年（1269 年），作者自称“审安老人”。他在书中根据每个茶器具的作用、材质等特征，为它们取了具有双关意味的各种名号、雅号，甚至还给它们赋予了各种官职和赞誉，并将它们统称为“十二先生”，可见当时上层社会对茶器、茶道的喜爱之情。

下面就分别介绍一下“十二先生”所代表的茶具名称。

（一）茶炉

茶炉的代表名号为“韦鸿胪”，名文鼎，字景旸，号四窗闲叟。在宋代时期，“鸿胪”为执掌朝廷祭祀礼仪的机构。

茶炉就是茶焙笼，主要用于焙茶。它以竹子编制而成，在编制时，会在四方留出洞眼，所以“韦鸿胪”也称“四窗闲叟”。

宋代所饮用的都是团饼茶，而饼茶在加工成型后需要存放在干燥的地方，以防霉变。于是，宋人就用竹子编制成茶焙笼，用于存放茶饼。

（二）茶碾

茶碾的代表名号为“金法曹”，名研古、轹古，字元锴、仲铿，号雍之旧民、和琴先生。宋代时，“法曹”为司法机关。

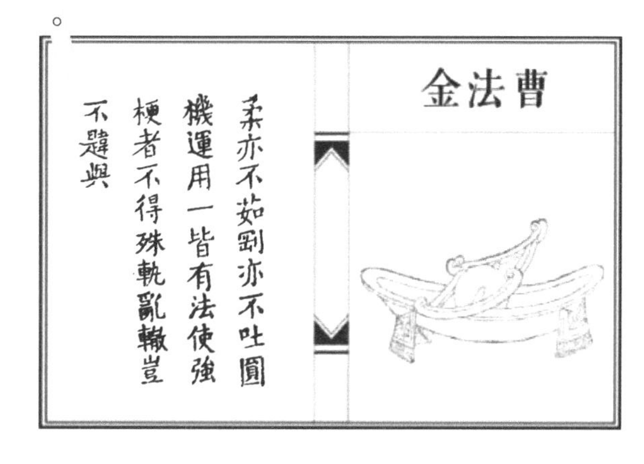

宋代时期的茶碾是以金属制成的，所以以“金”为姓；“法曹”中的“曹”通“槽”，指碾茶所用的茶槽。名“研古、轹古”，取意于碾轮的碾轧。字“元锴”，其中“锴”指精炼的铁，而“元”则指代铁质的圆碾轮；又字“仲铿”，“铿”是象声词，所以“仲铿”指的是碾茶时所发出的声音，这种声音又像和琴的声音，故号称“和琴先生”。

（三）茶槌

茶槌的代表名号为“木待制”，名利济，字忘机，号隔竹居人。“待制”仍为官职名。

茶槌就是用来敲击、研磨茶饼的器具，是以木制成，

故以“木”为姓；由于它能将茶研磨成碎末，所以叫“利济”。茶槌的中间是空心的，无心则称“忘机”。捣茶和研磨都是紧接在焙茶之后进行的，也就是说，茶槌与茶臼是同时使用的，故而其号为“隔竹居人”。

（四）茶磨

茶磨的代表名号为“石转运”，名凿齿，字遄行，号香屋隐君。宋代时，“转运使”是一种官职，专门负责财赋等事务。

茶磨是以石头制成的，故以“石”为姓，而“转运”则取意于茶磨的运转功能；研磨必要有齿，故名为“凿齿”；而研磨时又需要不停地旋转，所以又用“遄行”为字。

茶磨的作用与茶碾相似，都是要将茶饼磨成粉末状，在这个过程中，会有茶香飘出，所以审安老人又给它取了一个非常雅致的名号——香屋隐君。

苏轼在《次韵黄夷仲茶磨》一诗中写道：“前人初用茗饮时，煮之无问叶与骨。浸穷厥味臼始用，复计其初碾方出。计尽功极至于磨，信哉智者能创物。”由此也可看出茶磨的用途与功能。

（五）茶罗

茶罗的代表名号为“罗枢密”，名若药，字传师，号思隐寮长。宋代时，“枢密院”为掌管国家军事机密要务的机构，而“枢密使”则是这个机构中的最高官员。

茶罗是筛茶的用具。茶饼被碾成茶末后，需要过罗筛选，故以“罗”为姓。宋人对点茶、斗茶中所需要的茶末要求极高，所以罗茶便成了关键的一步。蔡襄在《茶录》中也有关于“罗茶”的专门描写：“茶罗以绝细为佳。罗底用蜀东川鹅溪画绢之密者，投汤中揉洗以幂之。”正因为罗茶如此重要，审安老人才以“枢密”之职为其命名。

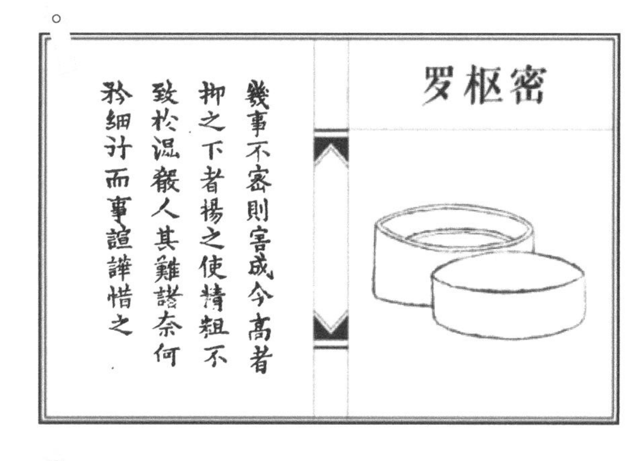

（六）水杓

水杓的代表名号为“胡员外”，名惟一，字宗许，号贮月仙翁。“员外”为宋代时的官职名。

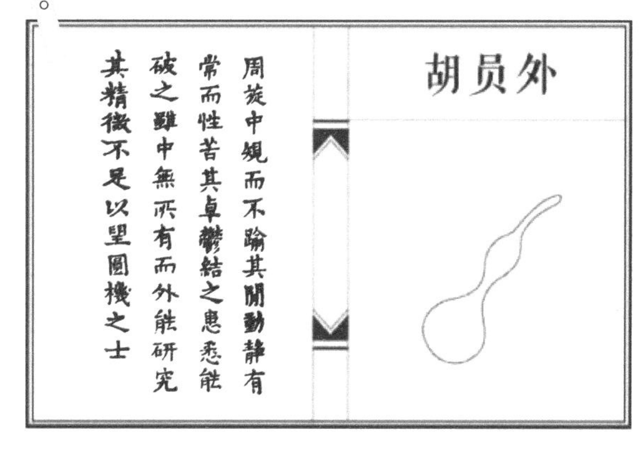

水杓也叫瓢杓，是用来舀水或量水量的。它是将成熟的葫

芦剖开后晾干制成的，故姓为“胡”。葫芦为圆形，而“员外”中的“员”通“圆”，指水杓的形状。苏轼在《汲江煎茶》一诗中写道：“大瓢贮月归春瓮，小杓分江入夜瓶。”意思是说，夜晚时用大水瓢在月下汲水，月亮的影子映入瓢中，就像是贮满月亮归来。由此，水杓便有了“贮月仙翁”的美称。

（七）茶帚

茶帚的代表名号为“宗从事”，名子弗，字不遗，号扫云溪友。宋代时，“从事”为州郡长官的僚属。

茶帚的用途是刷扫茶末，茶饼在被碾成茶末、茶粉，经茶罗筛选后，就要用茶帚刷扫起来，放入茶合之中，所以有“扫拂”“不遗留”的含义，以“从事”为其名号也十分贴切。

（八）茶托

茶托的代表名号为“漆雕秘阁”，名承之，字易持，号古台老人。宋代时有“直秘阁”的官职，且“秘阁”为宫廷的

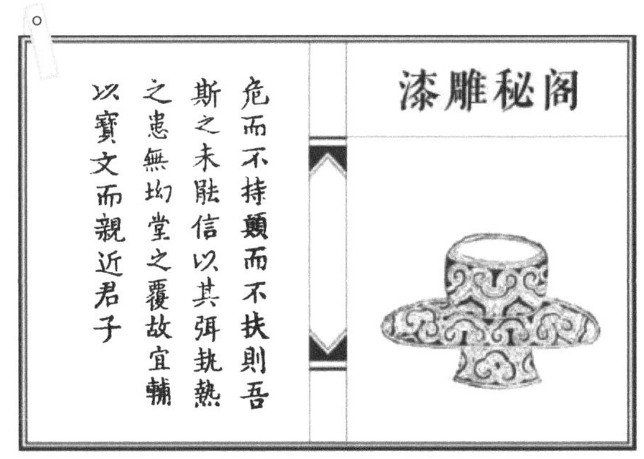

藏书之处。

茶托的用途就是承托茶盏，方便端茶，防止烫手，所以以“承之”为名，以“易持”为字。

宋代时的茶托多为木质材质，但也有陶瓷的、金属的，还有漆器等。其中，漆制茶托是在茶托的外面施以红色和黑色的漆，故而茶托也叫“漆雕秘阁”。

（九）茶盏

茶盏的代表名号为“陶宝文”，名去越，字自厚，号兔园上客。宋代有座皇家藏书阁，名为宝文阁，“宝文”指代的就是宝文阁。

宋代茶盏一般都为陶瓷质，故以陶为姓；“宝文”的“文”字通“纹”，表示茶盏上有优美的花纹。而名为“去越”，则表示不是“越窑”所产；字“自厚”，则指茶盏壁较厚。再联系“兔园上客”的名号，指代的便是宋代非常名贵的“建窑兔毫盏”了。

在电视剧《梦华录》中，就呈现出了古朴雅致的宋代各类茶具。宋人特别重视黑釉这类深色的茶盏，这与宋人的点茶法有关。宋代斗茶时，都是以茶汤乳花纯白鲜明、着盏无水痕或咬盏持久，以及水痕晚现为胜者。也就是说，这一切完全由视觉感官来评

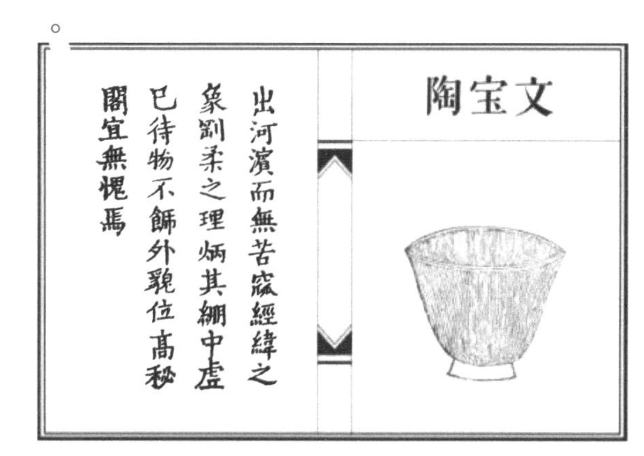

判，所以，茶盏就要以容易辨察茶色、水痕等为最佳选择。我们从《梦华录》这部剧中也能看到，赵盼儿斗茶时用的茶盏都以深色居多。

因为黑釉茶盏便于观察茶色，加上宋代斗茶之风的盛行，所以黑釉瓷的烧造工艺也得到了极大的发展，烧制技艺日渐成熟，并使黑釉呈现出了各种各样的纹饰和花样，如兔毫纹、鹧鸪斑纹、油滴釉、玳瑁釉、剪纸漏花、树叶纹等。其中，兔毫纹盏更是成为最名贵的品种，就连宋徽宗都对其赞不绝口，称其“盏色贵青黑，玉毫条达者为上”。

（十）茶筅

茶筅的代表名号为“竺副帅”，名善调，字希点，号雪涛公子。宋代时，“副帅”是一种军事官职。

茶筅是用来调茶汤的工具，以竹子制成，而“竹”与“竺”同音，故以“竺”为姓。宋代斗茶时，会不断用茶筅在茶汤中击拂，以调制出最好的茶汤，所以名为“善调”。茶汤调制好后，表面会漂浮起如粟文蟹眼一般的泡沫，故名“雪涛”。宋代韩驹在《谢人寄茶筅子》一诗中写道：“立玉干云百尺高，晚年何事困铅刀。看君眉宇真龙种，犹解横身战雪涛。”其中的“雪涛”就是对茶汤形成如雪花般细腻纯白的泡沫的生动描绘。

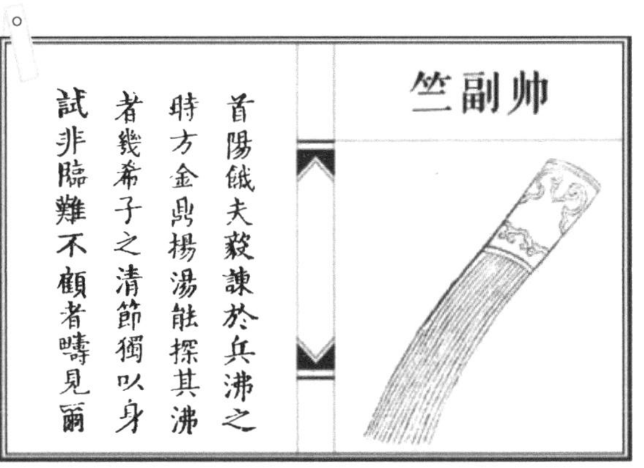

（十一）汤瓶

汤瓶的代表名号为“汤提点”，名发新，字一鸣，号温谷遗老。“提点”为宋代时的官名，有“提举点检”的含义。

汤瓶也叫执壶，主要用于注汤点茶，所以也是点茶必不可少的茶器之一。在点茶时，要用汤瓶盛以新泉活水，故名为“发新”；在煮水时，以汤响松风，所以字为“一鸣”。而由于瓶内装有点茶用的“热水”，所以审安老人便给它以“温谷遗老”的名号。

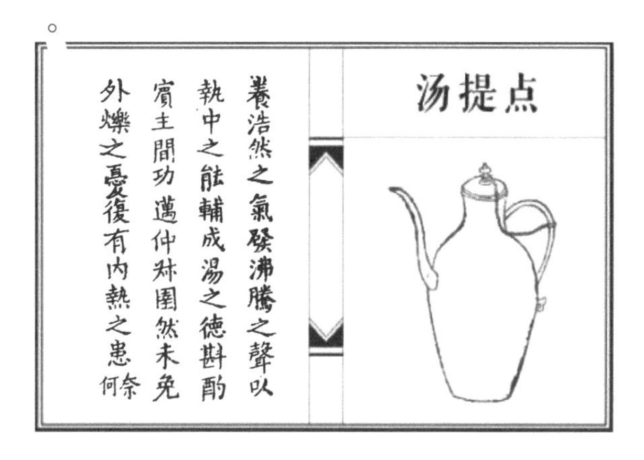

（十二）茶巾

茶巾的代表名号为“司职方”，名成式，字如素，号洁斋居士。“职方”是出自《周礼》之中的一个官名，宋代时为尚书省的四司之一，为掌管地图与四方的官名。

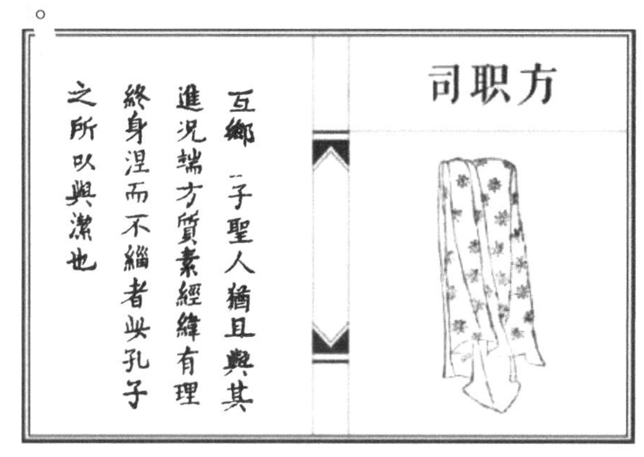

茶巾的材质为丝或纱，“丝”与“司”同音，故以“司”为姓。茶巾的作用是清洁、擦拭茶器，以保持点茶过程中的干净、清洁，而“拭”与“式”同音，故名为“成式”。又因为茶巾洁净、朴素，以“如素”为字。由此也可以看出，审安老人以“洁斋居士”为其名号也是实至名归的。

宋代文化灿烂，宋人的生活更是充满了诗情画意。在当时的文化背景下，整个社会的审美水平都极高，因此对点茶技艺以及点茶用具等要求也极高。在今天看来，一千多年前的这些点茶器物仍然不失精致，同时又充满了庄重，凸显了古人对茶文化的尊重和热爱。

三、宋茶的点茶流程

茶最初成为人们的饮食，是杂合他物煮后品饮的。陆羽在《茶经》中写道：“《广雅》云：荆巴间，采叶作饼，叶老者饼成，以米膏出之，欲煮茗饮，先炙令赤色，捣末，置瓷器中，以汤浇覆之，用葱、姜、橘子芼之。其饮醒酒，令人不眠。”《太平御览》卷八百六十七载：“《广志》曰：茶，丛生，真煮饮为茗茶。茱萸檄子之属膏煎之；或以茱萸煮脯胃汁为之，曰茶。有赤色者，亦米和膏煎，曰无酒茶。”

从以上两则材料的记载可见古人用茶之一斑，即将茶的叶子与其他佐料混合在一起煮为汤羹后饮用。这种煮茶方法一直沿袭到唐朝，唐人在此基础上进行了改进，将茶叶加工成茶饼，饮用时仍然加入调味的配料，一起煮成茶汤。

但随着时间的推移，单煮茶叶的方法开始得到唐人的重视，陆羽在《茶经》中对此种煮茶方法大加提倡，他甚至将“葱、姜、枣、橘皮、茱萸、薄荷之等，煮之百沸，或扬令滑，或煮去沫”的茶水贬斥为“沟渠间弃水”。

陆羽《茶经》的问世，为唐代人煮茶、品茶开辟了新的途径，使唐人对茶的质量、茶器具、用水、烹煮环境及烹煮方法等都越来越讲究，饮茶方法也有了很大改进。而且在陆羽的倡导下，唐代占主导地位的沏茶法是煎煮法，间有冲点、冲泡法。

继唐代的辉煌之后，时代经历了五代十国的纷争割据，尽管当时政局动荡，但茶文化却始终不曾衰落，甚至发展到宋代更为风行，人们的饮茶方法也有了新的改进，点茶之法开始风行。点茶本来是建安民间斗茶时使用的一种冲点茶汤的方法。随着北苑贡茶制度的确立，制作贡茶的方法日益精细，贡茶作为赐茶在官僚士大夫阶层的品誉日著，建茶也成为全国上下公认的名茶。而随着蔡襄的《茶录》的宣扬，建安茶的点试之法也日益被人们所接受和喜爱，并逐渐成为人们点试上品茶时的主导品饮方式。

《茶录》为宋代的点茶技艺奠定了艺术化理论基础，之后宋徽宗御笔亲书的《大观茶论》更是对点茶技法进行了精妙的论述，从而使宫廷嗜茶的风气带动了百姓饮茶之风，并且这一风俗还深入到了民间生活的方方面面。开封、临安两都茶肆、茶坊林立，点茶之风也广为流传，一度“飞入寻常百姓家”。

伴随着饮茶风气的盛行，宋代也发展出了合乎时代的、高雅的点茶之法，其流程包括炙茶、碾茶、罗茶、候汤、熁盏、点茶等一套程序。

以下具体介绍下宋代的点茶流程。

（一）炙茶

炙茶也称烤茶，首见于唐代，宋代时已不常用，随着时代的发展而逐渐消失。由于唐代时喝茶是将新鲜的茶叶蒸熟捣碎，做成茶饼，也叫饼茶，所以炙茶便是对饼茶的一种再加工方法。炙茶的目的，是要将茶饼在存放过程中吸收的空气中的水分烘干，用火逼出茶叶自身固有的香味来。

关于炙茶的工具，陆羽的《茶经》中称其为“夹”。其制法为：“以小青竹为之，身一尺二寸。”在夹前一寸的地方留竹节，竹节以上剖为两半，然后取茶饼夹于上，放置在火上炙烤。炙烤后的茶饼还要趁热放入特制的纸袋中（纸袋以剡溪白而厚的藤纸折叠成夹层，再用线缝制成袋状），以便于茶饼“精华之气，无所散越”。待茶饼完全冷却后，方可细碾成茶。

唐代时期，人们是十分重视炙茶的。到了宋代时期，只有隔年的陈茶才炙。《茶录》中有记载：“茶或经年，则香色味皆陈。于净器中以沸汤渍之，刮去膏油一两重乃止，以钤箝之，微火炙干，然后碎碾。若当年新茶，则不用此说。”由此可见，宋代时的炙茶已不再是直接把茶饼拿到火上烤了，而是先把茶饼放入洁净的茶器中，用开水来冲泡茶饼，再刮去一两层茶膏，然后再拿到小火上烤干，碾碎。如果是当年的新茶，则无须烤炙。

（二）碾茶

宋代点茶用饼茶，这种茶如果需要，可以在炙烤加工后使用。炙茶的过程与唐代的煎茶相似，也是用炭火烤干其中的水汽，然后将茶饼“以净纸密裹捶碎”，再将敲碎的茶饼块放入碾槽中碾成粉末。碾茶一定要有力迅速，否则茶与铁碾槽接触时间过长，不仅会令茶的颜色受损，还会破坏茶末的新鲜度。

碾茶是很关键的一步，如果方法得当，从这时起就能品味到茶的清香了，就像陆游的《昼卧闻碾茶》一诗写的那样：“小醉初消日未晡，幽窗催破紫云腴。玉川七碗何须尔，铜碾声中睡已无。”听着阵阵铜碾声，不等喝上七碗茶，光是碾茶的茶香四溢就足以让人睡意全无了。

（三）罗茶

罗茶是将碾好的茶粉放入茶罗中细细地筛出精细的茶末，确保点茶时能用到极细的茶末，这样才能“入汤轻泛，粥面光凝，尽茶之色”。因此，茶罗罗底一定要“绝细”，而且要多筛几次，宋徽宗在《大观茶论》中也要求多加罗筛，“罗必轻而平，不厌数，庶已细者不耗”。另外，丁谓在《煎茶》一诗中也写道：“罗细烹还好，铛新味更全。”这也说明罗茶时让茶末越细越好。

（四）候汤

候汤也就是煮点茶用的水。点茶用水也很讲究，一定要符合“源、活、甘、清、轻”五个标准的水，才算是点茶的好水，其中以洁净的山泉活水为最佳，其次是“井水之常汲者可用”。

选好水后，还要选好烧水的火。生火时，以传统的风炉为上，并取油薪竹引火，覆烧乌榄炭。乌榄炭就是由粤东的乌橄榄果核烧成的炭，这种炭烧起来火力均匀，并且烟火气要比木炭少。

烧水的过程就更有讲究了。宋代时用汤瓶、釜、铫来煮水候汤。候汤讲究“三沸”，也就是将水开的过程分为盲汤、蟹眼、鱼目三个过程，“汤未煮沸者为盲汤，初沸称蟹眼，渐大称鱼目，也称鱼眼”。陆羽在《茶经》中也写道：“其沸如鱼目，微有声，为一沸；缘边如涌泉连珠，为二沸；腾波鼓浪，为三沸。以上，水老不可食也。”意思是说，当水初沸时，会冒出像鱼目一样大小的气泡，并且稍有声音，这是第一沸；接着壶底边缘会出现像涌泉一样不断向上冒出的气泡，这是第二沸；最后壶中水面全部沸腾起来，如波浪翻滚，这是第三沸。再继续煮的话，水就老了，不能用了。

候汤是点茶非常关键的一步，煮水的火候必须掌握好，这样点出来的茶才最具茶味，故而蔡襄认为“候汤最难，未熟则沫浮，过熟则茶沉”。不过由于宋代点茶煮水时用的汤瓶是一种肚圆颈细的容器，根本看不到里面水的烧煮程度，只能靠听水声来判断，这对点茶者的技艺要求就更高了。

到了南宋时期，罗大经在其《鹤林玉露》中记载了好友李南金以声辨沸的技巧，即“砌虫唧唧万蝉催，忽有千车捆载来。听得松风并涧水，急呼缥色绿瓷杯”。罗大经认为，水刚至三沸时，要立即提起汤瓶，等瓶中水的沸腾完全停止后，再将水注入放有茶末的茶盏中，并用茶筅击打茶汤，使茶与水充分融合。

（五）熁盏

凡欲点茶，先须熁盏。也就是在调膏点茶之前，可以先将建盏置于风炉之上预热，使盏身具有一定的热度；也可以先用开水冲涤茶盏来加温。这个习惯至今都保留在中国的日常饮茶及日本的茶道之中。

之所以要熁盏，是因为人们普遍认为，只有先将茶杯预热，才有助于激发出茶的清香。而在宋代时，“熁盏令热”，可使点茶时茶末上浮；“发力耐久”，有助于点茶技艺的发挥。

（六）点茶

点茶分为调膏和击拂。在调膏时，先将茶末放入茶盏中，注入少量开水，用茶匙将其调成极其均匀的茶膏。这时要特别注意，即水不能直接冲在茶末之上，而是环绕着茶末注入。接下来再徐徐注入开水，击拂茶汤，此时茶面渐渐开始泛起沫饽。早期的击拂用具是箸、茶匙，到北宋中后期改为茶筅。关于击拂茶汤的技巧，蔡襄在《茶录》中还特别写道要“先注汤，调令极匀，又添注入，环回击拂”。

作为点茶高手，宋徽宗认为要注汤击拂七次，在《大观茶论》中，他还极其详尽地描述了点茶的技巧，后人称之为“七汤点茶法”。

与唐代的煎茶相比，宋代人更喜欢典雅精致的点茶艺术，以至于从宫廷到民间，从皇帝贵族到文人僧侣再到普通百姓，无不学点茶、爱点茶。这种饮茶方法看似简单，其实不然，因为宋人在点茶之外，还增加了分茶之戏使之于水面幻化出文字画面。若是高手为之，更是走马飞鸟、山水人物，无不惟妙惟肖地浮现于茶汤之上。由于这种游戏具有较强的艺术性，尤其受文人雅士的欢迎。著名诗人杨万里就曾经坐观分茶，写诗赞道："纷如擘絮行太空，影落寒江能万变。"在这种情况之下，一些高雅的点茶技艺也随之产生了。

四、分茶艺术——茶百戏

第一章曾提到，南宋诗人陆游有一首诗，叫《临安春雨初霁》，其中写道：

世味年来薄似纱，谁令骑马客京华。

小楼一夜听春雨，深巷明朝卖杏花。

矮纸斜行闲作草，晴窗细乳戏分茶。

素衣莫起风尘叹，犹及清明可到家。

当时的陆游正客居临安，这首诗就写了他在临安闲赋在家时做的几件事：听春雨，闲作草，戏分茶。其中，"戏分茶"就是茶百戏。

茶百戏又称分茶、水丹青、汤戏、茶山水等，是一种非常高超且高雅的点茶技艺。在今天看来，茶百戏似乎与我们常见的咖啡拉花很相似，但实际上，咖啡拉花是通过咖啡和牛奶两种不同颜色的原料，在咖啡表面上呈现出来的图案；而茶百戏的绝妙之处在于有诸多玩法，比如"注汤幻茶"

法，仅用茶、清水，就能让茶汤表面呈现出各种文字、诗句，以及山水、花鸟等图案的独特效果，由此可见技艺之高超。

关于“分茶”一词，最早见于唐代。唐代“大历十才子”之一的韩翃曾有语曰：“晋臣爱客，才有分茶。”他认为，晋代时就已出现分茶技艺了。而有关在茶汤表面形成文字和图案的描述，早期见于唐代文人刘禹锡的作品中。刘禹锡在《西山兰若试茶歌》中写道：“骤雨松风入鼎来，白云满碗花徘徊。”

到了宋代，才开始出现“茶百戏”一词，其来历出于北宋时期的《清异录》。《清异录》为陶谷采集隋唐至五代时的典故所撰写的一部笔记，其中在《茗荈》一节中记载：“茶百戏……近世有下汤运匕，别施妙诀，使汤纹水脉成物象者，禽兽虫鱼花草之属，纤巧如画，但须臾即就散灭。此茶之变也，时人谓之‘茶百戏’。”

宋徽宗时期，由于宋徽宗和朝内大臣、文人墨客都十分推崇茶艺，同时也将茶百戏推崇到了极致。宋徽宗不仅亲自撰写《大观茶论》，论述点茶技艺，还经常亲自烹茶宴请群臣。许多我们今天耳熟能详的名人，如苏轼、陆游、杨万里、李清照等，都曾是茶百戏的“忠实粉丝”。在进行点茶和分茶过程中，这些文人骚客还留下了大量的诗文。比如，著名女词人李清照就曾写有“豆蔻连梢煎熟水，莫分茶”等词句。一时之间，斗茶、分茶成为一种社会风潮。

到元代之后，茶文化进入了曲折的发展期。元人与宋人崇尚奢华、烦琐的形式相反，北方少数民族虽然视茶如命，但出于生活的需要，他们对精致儒雅的点茶和分茶技艺没多大兴趣，反而更喜欢直接喝茶，斗茶技艺开始衰落。此时，简单快捷的泡茶方式出现，即直接用沸水冲泡茶叶后饮用，这也为明代散茶的兴起奠定了基础。

明代时期，朱元璋诏令“罢造龙团，惟采芽茶以进”，即废除团茶改散茶。此后，黄茶、黑茶、花茶的工艺相继形成，斗茶技艺逐渐失传。清代之后，文献中便难见关于茶百戏的记载了。

近些年来，随着人们对中国优秀传统文化传承的重视，曾经失落的茶文化重新活跃起来，人们也从中管窥到了古代茶事之兴盛、茶艺之高绝。

茶百戏是观赏与品饮兼备的茶文化艺术，其独特的艺术表现力常常给人带来赏心悦目的体验。在点茶过程中，宋人会先将茶饼烤热，再捣碎，研磨成茶末，然后用茶罗筛掉粗茶，留下精细的茶粉，再经过取火、候汤、冲淋茶器、调膏、注水、击拂等步骤，形成茶汤。而经过击拂、注水后，茶碗内会产生大量的白色汤花。这种汤花其实是茶汤的泡沫，古人将其称为乳花、玉乳、雪涛、雪花、醍醐、粟花。呈现沫饽，是斗茶的关键环节，同时也是茶百戏的开始。

接下来，点茶高手就会利用茶碗中的水脉，创造出许多绚丽多彩而富有变化的图案来，使茶汤表面呈现出来的纹理自然、灵动、栩栩如生。但不久后，这些文字或图案就会消失。但通过特殊技法，在同一茶汤中还可以形成新的文字和图案。也就是说，同一碗茶汤中，可以形成多种多样、魅力多变的文字、图案，并且可以反复多次变幻。这就是茶百戏最为独特的地方，从中也可以看出宋人已将点茶玩出了新花样。

在进行茶百戏的过程中，建盏的选择非常重要。宋徽宗在点茶时，就极力推崇以建盏来表现点茶、茶百戏。在《大观茶论》中，宋徽宗对建盏提出了要求："盏色贵青黑，玉毫条达者为上，取其焕发茶采色也。"在《宫词其七十四》中也有云："兔毫连盏烹云液，能解红颜入醉乡。"酷爱点茶、茶百戏的蔡襄在《茶录》中也推荐用建盏点茶，并指出："茶色白，宜黑盏，建安所造者绀黑，纹如兔毫，其坯微厚，熁之久热难冷，最为要用。"宋代陈仲谔（一作杨万里）在《送新茶李圣俞郎中》一诗中写道："鹧斑碗面云萦字，兔褐瓯心雪作泓。"这些诗文都生动地描绘了用建盏进行点茶、分茶的情景。

在进行茶百戏之前，茶叶的选择和处理也很重要。首先，要对茶叶精挑细选。具体来说，以有自然芳香者为佳品，以添加香料者为次品。其次，为了预防团茶在贮存过程中因吸潮而影响品质，在点茶前可以先对其进行炙烤，既可去除潮霉，又可激发其香气。接着再进行碾茶、罗茶，以确保茶末细腻。在进行时，要先用纸将茶裹紧，再捣碎，再熟碾，最后用罗筛过滤，取细细的茶末保存在茶合中。

在冲泡茶末前，还要先用开水烫盏。这一步非常重要，因为提高茶盏的温度有助于点茶技艺的发挥。在冲泡茶末时，要用专用的汤瓶注水，汤瓶瓶颈长，水压高，同时落点准确、线条优美。

接下来开始用茶筅击拂茶汤。这一步骤是十分考验点茶者技艺的，只有击拂力度“到位”，才能真正得到一盏好茶。

第四章　点茶行茶

一、三才——茶席

“水为茶之母，器为茶之父。”在茶叶漫长的发展历史中，茶器也在不断发展和演变。最早的茶器只被当成是茶叶的附属品，但随着唐宋时期人们对茶道的重视，茶器的地位也逐渐提升，与茶、水一同组成了品茶的三要素。只有好茶、好水、好器三者搭配，才能品饮出茶的真韵味。

《论语·乡党》中曾有：“君赐食，必正席，先尝之。”其中，“席”是指席位、座位。而随着茶文化发展所衍生出来的茶空间艺术，又出现了“茶席”。

对于茶席的起源，普遍的观点认为是起源于唐代，但也有学者将茶席起源追溯到晋代甚至汉代，理由是在汉代王褒的《僮约》中有“武阳买茶”“烹茶尽具”的文字。不过，也有现代学者认为，以《僮约》为证来追溯茶席起源是失之偏颇的，因为买茶和清洗茶器只能证明茶叶贸易的流行，以及茶器茶具在日常生活中频繁使用，而茶席是完全不同的概念。

那么，到底什么是茶席呢?

一种观点认为，举办茶会的房间叫作茶室，也称“本席”“茶席”。这是茶席的原始称呼，而现今的茶桌、铺设的席布，以及茶桌上的茶具、茶器、茶饰等，皆可被纳入“茶席”的范畴。简而言之，茶席就是指为饮茶品茶所构建的一个人、茶、器、物、境的茶道美学空间。茶席的核心是茶器的组合。古代时，各种茶器的组合一般会本着“茶为君，器为臣，火为帅”的原则来进行搭配，也就是说，一切茶器组合都是为茶服务的。

由于茶席的核心是茶器，所以在茶器的选择上颇有讲究。点茶行茶时的茶席有三条线，从下到上分别为地、人、天，也叫“三才”。

其中，“地”位布茶巾。茶巾是整个泡茶、点茶过程中不可缺少的，它一般由棉、麻等材料制成，款式低调简朴，主要功能是“干器”，可将茶器上的杂水擦干擦净，使茶器保持清洁，抑或是擦拭滴落在茶席上的茶水。在茶席中，茶巾的位置需摆放在茶器与点茶者之间的茶席上。

“人”位布汤瓶、盏、水盂，按照从左到右的顺序依次摆放在茶席之上。

“天”位布茶合、茶匙（带匙架）和茶筅，也按照从左到右的顺序依次摆放在茶席上。非自修席时，会增加一些器物，这些器物一般是放在“天”位。

这样的三条线，就是点茶席的“三才”。这是茶席最基本构成，如果要在茶席上增加其他茶器，则需要放置在“天”位，比如增加品茗杯、茶勺、茶针等；如果还要增加非点茶用品，如香炉、花器、点茶证、传承书等，也要放置在“天”位，不过是较远的“天”位，可理解为“天外天”。

不论是古代还是现在，点茶品茗都十分讲究茶席的境界，所以茶席上所选用的茶器都是有颜色、有温度、有质感和有深度的，蕴含了点茶品茗之人的一种精神。

茶席可以很小，仅仅一块朴素雅致的茶巾，一个人，就可以成席；也可以很大，以地为席，以山水为画，以虫鸣鸟叫为乐，于自然山水间成席。

唐代人就十分喜欢于山水之间择境造席。不管是竹林、花下，还是泉边、溪畔，都可以成为品茶布席的好地方。发展到宋代时，点茶风盛行，更关注茶席布置的审美，于是将布置于山水之间的茶席搬入室内，同时配上插花、挂画和焚香，使茶席的意境更加幽静、雅致。

然古语有云：君子不器。也就是说，茶席的境界不完全在于“器”或“三才”，而在于“神”。品茶饮茶不拘泥于形式，有茶席固然好，但若无茶席，也要能因境而起，随心所欲地构建出一个品饮茗茶的意境空间，这才是品茶的至高境界。

二、四象——茶器

在中国神话中，有四大神兽，分别为苍龙、白虎、朱雀、玄武。它们也被称为“四灵”“四象”，分别代表着东、西、南、北四个方向，即“东苍龙，西白虎，南朱雀，北玄武”。同时，传说每个神兽还对应了一位上古时代的领袖，而中间的方位上为黄龙，对应的是黄帝。“四象”源于古代中国的星宿信仰，两汉时期又被道教视为四灵神君。“四象”加上中间的黄龙，便对应了传说之中的五行。

点茶行茶过程中的茶席布设，也结合了古典文化中的“四象”“五行”传说。点茶人面前的茶席，对应方位为：左为东，远为南，右为西，近为北。茶席中的“四象”按照东南西北的顺序来排列，汤瓶所代表的苍龙放左，茶合和茶匙代表的朱雀放远，茶筅代表的白虎放右，茶巾代表的玄武放近。这四象也可称为“左青龙，右白虎，前朱雀，后玄武”。中间部位的“黄龙”，指的则是茶盏，也就是茶席之中最重要的茶器。

在点茶行茶过程中，这“四象”和中间的“黄龙”是必不可少的茶器。接下来我们就分别介绍一下。

（一）苍龙：汤瓶

在宋代杨万里的《澹庵坐上观显上人分茶》一诗中，有两句为：

银瓶首下仍尻高，注汤作字势嫖姚。

不须更师屋漏法，只问此瓶当响答。

这其中的“瓶”指的就是点茶行茶过程中所用到的“茶瓶”，也叫“汤瓶”。

汤瓶在唐代时就已十分常见，但多为酒具。五代后到宋代，汤瓶逐渐用于煮水点茶。宋代时期，汤瓶也比唐代时有所变化，最明显的就是体形变大了，并且都带有执柄，所以一般也被称为“执壶”。

汤瓶制作十分讲究，“瓶要小者，易候汤，又点茶煮汤有准，黄金为上，人间或以银、铁、瓷、石为之。”由此可见，黄金制作的汤瓶通常都是皇家贵族才能使用的茶器，普通阶层的人点茶行茶用的往往都是由银、铁、瓷、石等所制。其中，瓷制汤瓶为点茶首选。因瓷制汤瓶多为青色，故称“苍龙”。

汤瓶是不能透光的，所以在煮水时，里面的水是否沸腾，外面是看不见的，只能通过听声音来判断。通常当汤瓶发出“嗡嗡嗡”的蚊鸣声时，表示水热了；发出“沙沙沙”的雨声时，说明水快要沸腾了；发出“呼噜噜”的雷声时，表示水已经开了。水一开，就要立刻将汤瓶从火炉上取下，并向茶盏中浇水点茶。这就是“听声辨水”，也是茶人在点茶行茶时的基本功之一。

（二）朱雀：茶合、茶匙

茶合是盛放茶粉的小罐，茶合以陶器为主，并有很多种器型，比较常见的有茄子、肩冲、文琳、大海、丸壶等，其中经典的器型是茄子与肩冲。

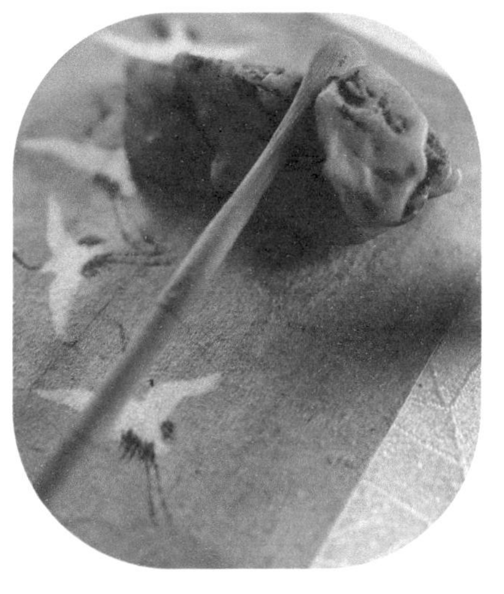

茶匙的出现可追溯到唐朝。唐代时饮茶多用煎煮法，也就是将茶饼碾成茶末后投入茶釜中煮，这时茶匙就是主要的量取工具，所以也被称作“茶则”。陆羽在《茶经》中有记载：“则，以海贝、蛎蛤之属，或以铜、铁、竹、匕、策之类。则者，量也，准也，度也。”

到了五代时期，点茶法逐渐出现并盛行，原本用来量取茶末的茶匙又增加了击拂茶汤的功能。《荈茗录》中有云：“近世有下汤运匕，别施妙诀，使汤纹水脉成物象者，禽兽虫鱼花草之属，纤巧如画。”“匕”就是茶匙，即运用茶匙来使茶汤水脉形成物象。

宋代蔡襄所著的《茶录》中，也有关于“茶匙”的记载：“茶匙要重，击拂有力，黄金为上，人间以银、铁为之。竹者轻，建茶不取。”此时，茶匙的主要功能已经转为“击拂”，“量取”的功能已逐渐减弱甚至消失。而蔡襄之所以推崇金属材质的茶匙，是由于他认为一定重量的茶匙在击拂时效果会更佳。

（三）白虎：茶筅

茶筅

据推测，茶筅大约起源于南北朝时期，是从洗涤工具“筅帚”发展而来的。到宋代时，宋徽宗的著作《大观茶论》中首次提到了茶筅，其中写道：“茶筅以箸竹老者为之，身欲厚重，筅欲疏劲，本欲壮而末必眇，当如剑脊之状。盖身厚重，则操之有力而易于运用。筅疏劲如剑脊，则击拂虽过而浮沫不生。”由此可以推断，茶筅应出现于宋徽宗著《大观茶论》之前，也就是大约出现于北宋中晚期。

从《大观茶论》中对茶筅的描述可见，当时的茶筅已成为点茶行茶中的主要茶器，并且需要器身“厚重”，便于使用。它的功能与茶匙很相似，都具有击拂功能，但茶筅是茶匙击拂功能的进一步发展。

元代诗人谢宗可还有一首诗专门介绍了茶筅，其中写道：

此君一节莹无瑕，夜听松声漱玉华。

万缕引风归蟹眼，半瓶飞雪起龙牙。

香凝翠发云生脚，湿满苍髯浪卷花。

到手纤毫皆尽力，多因不负玉川家。

从这首诗中可以看出，茶筅是一种竹制茶器，是用明亮、没有疵病的竹制成的。在点茶时，先将茶末置入茶碗内，注以沸水，然后用竹制成的茶筅快速地搅拌击打茶汤，使之发泡，瞬间便出现了“半瓶飞雪起龙牙”的美丽景象，使得茶汤色彩洁白如雪。而在快速击打搅拌茶汤的过程中，茶汤的香气也随之散发出来，闻之沁人心脾，令人陶醉。

宋代的文人雅士不仅会点茶，还热衷于斗茶。他们以茶汤颜色鲜白及茶汤表面浮起的茶沫停留时间长短来判定茶技的高超与否，而且茶筅击拂茶汤所产生的泡沫还要能“着盏而不散”，即沫饽与茶盏相凝但不溢出，如同被茶盏咬住了一般。这样点出的茶汤，才称得上是“极品”之作。由此，我们也可以看出茶筅在点茶行茶过程中的重要作用。

（四）玄武：茶巾

据传说，曾经有一位日本乡下的茶人托人带话给日本茶道的“鼻祖”千利休，说自己愿意拿出一两黄金，请千利休帮忙买几件茶器，什么茶器都可以。

不久后，千利休就给这位茶人回了一封信，信中说道：这一两黄金一文不剩地都用来买白布吧，因为对于静寂的茶庵来说，没有什么都可以，只要茶巾洁净就足够了。

诚如千利休所言，茶巾是整个茶艺过程中不可或缺的一部分。而茶巾的洁净、清爽，更是不容小觑。

茶巾通常以丝、棉、麻等材质制成，款式低调、朴素。在点茶行茶过程中，它的主要功用是“干器”，即将茶器上残留的水分擦干，或者擦净滴落在茶席上面的茶水。在点茶

时，不论是洗盏，还是点茶，都可能滴落茶水，这对于品茶待客而言都是不雅、不洁的。此刻，一条干爽洁净的茶巾就能轻松避免尴尬。

不过，茶巾的选择和用法也是很讲究的。在选择时，首先要考虑到茶巾的吸水性，尽量选用吸水性强、质地柔软的材质；在款式方面，则以简朴、淡雅，颜色以深色为宜。

在使用时，切不可随便揉捏茶巾，或者散开后摊在一旁，而应折叠成为整齐的长方形，放置在点茶人面前的茶席上。一旦茶碗或茶盏上沾有茶汤，或有茶汤不小心滴落在茶席上，就用茶巾轻轻地接触一下，使茶器保持干燥、清洁。同时还要注意，茶巾的折叠口要朝向点茶者，而不是饮茶者或客人。这是一种表达尊重的方式，并且也便于点茶人使用。

（五）黄龙：茶盏

茶盏是点茶中一件非常重要的茶器，不同材质的茶盏，对点茶效果的影响也是不同的。陆羽曾在《茶经》中推崇“类玉似冰”的越窑青瓷茶盏，认为越窑青瓷茶盏可以增益茶色，使茶汤看起来更为青绿，这也是茶盏与茶色彼此搭配的美学。而到了北宋时期，随着点茶兴起引发了茶色尚白的新风尚。点茶、斗茶的风俗与其所使用的茶盏也逐渐被奉为圭臬。

宋徽宗在《大观茶论》中关于建盏有这样一段记载："盏色贵青黑，玉毫条达者为上，取其焕发茶采色也。底必差深而微宽，底深则茶直立，易于取乳；宽则运筅旋彻，不碍击拂。然须度茶之多少，用盏之大小。盏高茶少，则掩蔽茶色；茶多盏小，则受汤不尽。盏惟热，则茶发立耐久。"意思是说，在点茶行茶过程中，茶盏的选择以青黑色釉面为贵，尤其以黑釉上有兔毫般细密的斑纹为上品。用这样的盏斗茶，看重的是它保温性能好，容易衬托出茶的光彩色泽。同时，盏底一定要稍深，面积微宽。盏底深，便于茶即时生发，而且容易翻出白色汤花；盏底宽，在使用茶筅击拂茶汤时不妨碍用力击拂。当然，还必须根据茶量的多少选择大小适宜的茶盏。茶盏高、茶量少，就会掩盖茶的色泽；茶量多、茶盏

小，就不能注入足够的水来点茶。只有茶盏温热，茶才能生发、持久。

由此可见宋人对点茶技艺的热爱，以及对茶器的研究程度。当然，随着现在人们对生活品质和精神生活的注重，点茶逐渐兴起，并会在此基础上继续发扬、发展，人们对茶器的认识、选择、运用、研究等也会越来越娴熟、深入。

三、五行——茶人

五行为中华民族独创的一种哲学思想，是华夏文明重要的组成部分。古时候的先民认为，天下万物皆由五种元素组成，分别为金、木、水、火、土，五者之间为相生相克的关系。它们之间的具体关系是：木可以生火，火可以生土，土可以生金，金可以生水，水可以生木；水可以克火，火可以克金，金可以克木，木可以克土，土可以克水。这五种事物之间相生相克的关系，就构成了一个平衡的系统。

实际上，五行学说非常经典地描述了五种物质的特性，将其引用到人的性格上具有相当好的研究价值和使用价值。人的性格也可以划分为五类典型的性格，分别为金型人、木型人、水型人、火型人和土型人。这五类性格模型简称为“5D模型”（Five Disposition Model），俗称为“我的性格”“五行性格”。

如果我们按照人的心理活动和心理机制来为这五种性

格模型分类，即按照人的性格结构中的认知、情绪、意志三种心理机制划分的话，这五种性格可分为理智型、情感型和意志型；如果从心理活动倾向来分的话，又可以分为内倾型和外倾型。说得通俗一些，其实就是基于内倾－外倾、感性－理性两个维度来划分性格类型。

这里的五类性格不同于传统五行，但又基于五行的核心特性，所以性格定位与五行的基本属性也密切相关。

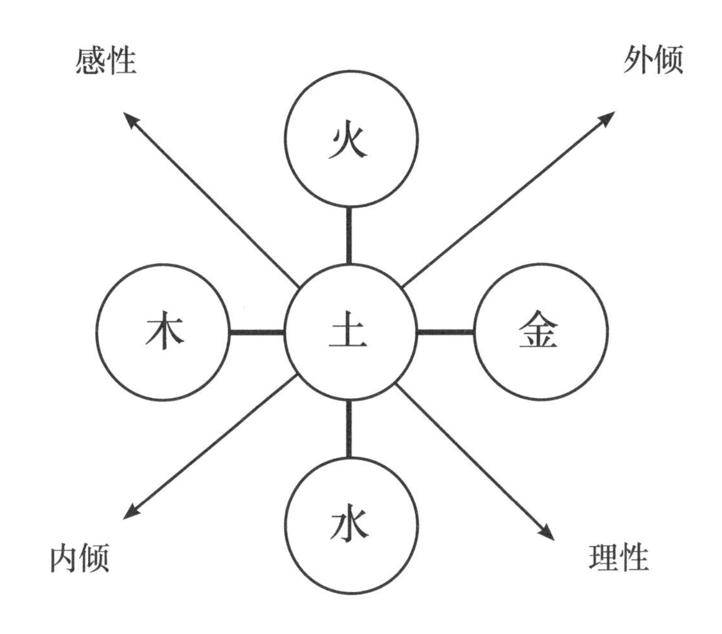

那么，“5D 模型”中的性格分别都有哪些特点呢？如果是爱茶、点茶、行茶之人具有这样的性格，又会在茶事当中注意哪些问题？

接下来，我们先简单介绍一下金、木、水、火、土五种性格模型的人，通常都有哪些性格表现。

（一）金型人

要分析金型人，我们先要分析一下金具有哪些特性。

首先，金为白色，其特性为棱角分明，质地坚硬，那类比到人物性格上，金型人的外貌往往也是棱角分明，给人一种高冷酷帅的感觉。

同时，这类人做人做事也都比较讲原则，而且刚毅果断、勇敢无畏、自信心较强，但强势之中往往又带有一定的理性，不冲动、不盲目，行动有目标，追求成就感。所以，这种性格特征的人不仅能给人留下深刻的印象，气场还很强大，一般来说很适合当领导人。

但是，这种类型的人缺点也比较明显，就是有些愤世嫉俗、争强好胜，容易得罪人，很可能会树敌颇多。

（二）火型人

“火曰炎上。”也就是说，火运动的方向是向上的，并且是炎热的，因此火型人的性格是热烈的，不管是为人还是做事，都热情奔放、情感丰富，见到老朋友时甚至会用热烈的拥抱来表达自己的情感。在职场上，火型人积极向上，从不悲观、抱怨，并且富有冒险精神，遇到困难也总是会积极面对、勇往直前。

不过，火型人也有自己的不足之处，就是有时会表现得冲动急躁，缺乏耐心，猜忌心还比较强。如果不能很好地控制自己，可能会做出一些不计后果的事来。

（三）木型人

要了解木型人的性格特征，就要借助于古人取象类比的思维方法，观察木的形象和特征。儒家经典《尚书·洪范》中云：“木曰曲直。”意思是说，木的最明显特征就是直的，并且一直在向上发展。所以，木型人的性格是喜欢直来直去，对人直接坦诚，不喜欢绕弯子、拖泥带水。但是，木又是温的，类比到人的性格上，可以理解为性格温和、乐于助人，富有同情心，这也使他们能够比较融洽地与人相处，人际关系比较好。

当然，木型人也不可避免的有自己的缺点，就是有时比较固执、保守，这也容易令他们在工作方面错失很多机会。

（四）水型人

水是透明的，无形、无色，但在五行中，水对应的颜色却是黑色。《尚书·洪范》中写道："水曰润下。"意思是说，水具有滋润、下行的特性，利万物而不争，这些都是水的特性。

类比到人的性格上，这种性格的人通常喜欢安逸、沉默寡言，不爱与人争抢，比较容易满足。由于水是无形的，所以水型人也十分善变，遇圆则圆，遇方则方，不论与何人相交、遇到何事，都能从容不迫、放松稳定，故而适应能力特别强，人际关系也很好，能够做到左右逢源。当然，这并不是说水型人都"佛系"，在职场上，水型人也有上进心，并且头脑清晰，善于分析，比较理性、睿智，称得上是个职场高手。

水型人的缺点是比较"冷"，思考问题比较冷静，但对待问题也比较"冷漠"，有足够的智慧，却不一定主动作为。

（五）土型人

土为黄色，其特性为厚重，大地的德行就是"厚德载物"。

古人认为天圆地方，故而土的形状为方形，其功能是承载万物、收藏万物。

类比到人的性格上，土型人一般都性格温和、厚道老实、诚恳善良，不跟人耍奸猾，做事也一向任劳任怨、严格自律。并且他们很坚持自己的信仰，自己认定的事情就不会轻易改变。即使这个过程中遇到困难和压力，他们也会拿出极强的抗压力来面对，这也正贴合了土承载万物的特征。

尽管土型人优点很多，但也不是毫无缺点，相反，他们的缺点也很明显，那就是做事过于缓慢谨慎，缺乏主动性，也不善于变通，不喜改变和冒险。

通常来说，我们也可以将五行性格用如下的词来精简描述：

金：充满活力、刚毅果断、自信心强、勇敢无畏、理性分析、喜欢新奇、愤世嫉俗、争强好胜、行动力强、追求成就。

火：热情奔放、感情丰富、关注自我、冲动急躁、充满幻想、喜爱艺术、善于言辞、猜忌心强、彬彬有礼、粗心健忘。

木：温顺和群、谦虚腼腆、固执坚持、脾气随和、实际现实、保守顺从、乐于助人、坦诚直接、遵守纪律、勤奋工作。

水：沉默寡言、从容不迫、放松稳定、自我控制、善于分析、埋头实干、信任他人、精明机智、细心睿智、有上进心。

土：温和平静、缓慢谨慎、容忍挫折、容易紧张、不喜改变、宽宏大量、诚恳谦虚、温厚善良、严格自律、坚定信仰。

对五行性格感兴趣的读者，可以做相关测试，本书附录一和宋联可新浪博客有测试题；想了解这个模型的进一步使用，可以阅读《正心态》《心派企业文化设计与落地》等书。

通过以上的介绍，我们知道五行乃金、木、水、火、土，而茶，恰恰是金、木、水、火、土之合。

如何理解呢?

首先，茶属木。“茶者，南方之嘉木也。”茶生长于天地之间，自然属木。并且，这个“木”还能受山川之灵气，得水土之滋养，春天旺盛生长，冬天入库收藏。

其次，茶属金。采摘下来的茶青，需要经过金属茶具、茶器的改变，木遭金克伐，植入金，性质有变，这样制成的茶反而具备了金之形体。

再次，茶属水。泡茶、点茶都离不开水，水能唤醒茶，能溶茶之色香味，让茶获得新的生命。

此外，茶属火。制茶时，要对茶进行蒸、炒或烘；泡茶、点茶，所用的水也需用火来煮。可以说，茶离不开火神之攻，火既能令茶定性，又能使其散香。

最后，茶属土。不论是煮茶、泡茶还是点茶，必然要用到茶器，而陶或瓷制成的茶器，是进行这些茶事活动时不可或缺的用具。

由此可见，从种茶到品茶，茶事的整个过程中都贯穿着五行相生相克的原理，维持着阴阳的平衡。

人的性格有金、木、水、火、土五种类型，而中国的茶也有五行，其性味与人的个性特征也颇有相似相近之处。不同性格特征的人，往往也钟爱不同的茶。

总之，茶取于天然，人生于天地；茶有千种口味，人也有千种性格。从一个人对不同茶的喜恶上，也可以品出一个人的性格。故而，品茶行茶之人不能因为自己不熟悉的茶就简单地去评价它们的好与坏，这样就相当于将自己局限于一个狭隘的领域之内。所以“茶道入门”时，我们也会事先提醒新茶人，要对茶“无好恶之心，多宽容之意”。

四、六识——行茶

中国的饮茶方法先后经历了唐代烹茶、宋代点茶、明清泡茶以及当代饮茶等几个发展阶段，故而中国茶史上有“茶兴于唐、盛于宋”的说法，宋代点茶在中国茶道史上具有极其重要的地位。

现在国人饮茶，一般会直接用沸腾的清水冲泡茶叶，清饮茶汤，以还原最真实的大自然，品味茶叶的原味。但在古代，尤其是宋代时，人们饮茶并不单单是为了鉴别茶叶的品质，还为了领略击拂、品饮茶叶的情趣。为了追求茶之雅，宋人对一切可谓都极尽铺陈之能事，比如在自家园林和山水之间搭建茶室和亭子，作为专门品茶的地方。品茶的环境还要安静、雅致，更要有诗情画意。有客人来访时，点茶、行茶还是一种重要的礼仪，通过与客人一起品茶、交谈、吟诗、作赋，增进彼此间的情谊。

我们知道，人有六识，也就是能够识别各种事物的官能活动，分别为眼识、耳识、鼻识、舌识、身识和意识。而行茶饮茶也有“六识”，分别为四雅、入定、备器、洁器、点茶和品茗。这“六识”其实也对应了人体的六识，即通过人的眼、耳、鼻、舌、身和意来感受点茶的意境，品饮茶的香醇。茶如君子，君子如茶，必须细嚼而知味，心静才能芳，从而将品性与内涵收入怀中，再慢慢流淌入心、入意、入境，既使人唇齿留香，又令人心旷神怡。

接下来我们详细了解一下行茶的“六识”，也叫行茶的“雅六式”。

（一）盛以雅尚（四雅）

宋代是最不缺少文人雅士的，宋人吴自牧的《梦粱录》中记载的“烧香点茶，挂画插花，四般闲事，不宜戾家”点

焚香

插花

2017年宋联可在文咖雅集中焚香

明了宋代雅致生活的“四般雅事”。在这四件雅事中，挂画为“韵高致静”，插花为“冲淡简洁”，焚香为“祛襟涤滞”，而点茶为“致清导和”。这四件事也是当时文人雅士们追求雅致生活的一部分。宋代人认为，这四件雅事不可草率、马虎，应该以专业、认真的态度对待它们。

对于点茶来说，“雅”主要强调点茶行茶的环境要清雅、舒心，要给人一种自主、放松的感觉，这样行茶时才会更专注。

（二）号曰茶论（入定）

行茶的第二式为入定，即让自己念心专注于一境。

宋徽宗在《大观茶论》中写道：“至治之世，岂惟人得以尽其材，而草木之灵者，亦得以尽其用矣。偶因暇日，研究精微，所得之妙，后人有不自知为利害者，叙本末，列于二十篇，号曰《茶论》。”意思是说，在极其太平的年代，岂止是人尽其才，就连那些灵秀的草木都可以物尽其用呀！而我偶尔清闲无事，便在研究中体会茶事的精深，领会其中的奥妙，又担心后人不知利弊，所以在叙述茶事的本末，分为二十篇，命名为《茶论》。

从宋徽宗的这段话可以看出，要领会茶事的精深、茶中的奥妙，必须要在一种清闲无事的状态下进行，不能被外面的琐事干扰，要让自己进入一种宁静、放松的状态，就如同“入定”一般，在心中默念“致清导和”，让自己进入到点茶的状态之中。

（三）人恬物熙（备器）

《大观茶论》中有这样一段话：“时或遑遽，人怀劳悴，则向所谓常须而日用，犹且汲汲营求，惟恐不获，饮茶何暇议哉！世既累洽，人恬物熙。则常须而日用者，固久厌饫狼籍，而天下之士，励志清白，竞为闲暇修索之玩，莫不碎玉锵金，啜英咀华。”

这段话意思是说，如果时局动荡，人心慌乱，百姓劳累病苦，日常生活所需都要疲于奔命，为衣食忧虑，谁还有闲心考虑饮茶这样的雅事呢？而现在，世代相承，太平无事，人们生活安适和乐，物质充裕，日常所需用品也已十分充足，甚至到处丢弃，而天下雅士一心向往清静、高雅，大家争先恐后的追求闲适、雅致的生活，无不醉心于茶事。

宋徽宗的这段话其实是描述了当时人们物质生活的充裕、社会的安宁，以及文人雅士们对于品茶雅事的追求与向往。而要品茶饮茶，就少不了各种茶器茶具，所以行茶的第三式就是“备器”，也就是检查茶桌上点茶所用的各种茶器、末茶、清水等，是否已经准备好了。此外，茶桌上的每一物、每一器都有它特定的位置，所以还要检查一下这些物品是否已经放在了特定的位置上。

（四）励志清白（洁器）

宋人爱茶，所以宋代的茶坊十分兴盛。这一点我们从宋人精美的器物、考究的仪规以及精湛的点茶技艺都可寻见证明。之所以对饮茶环境和器具提出较高的要求，是因为宋人认为：境之雅可以培育心之雅，心境之雅则可以造就人之雅。所以宋徽宗在他的《大观茶论》中，以“励志清白”来对茶人的品德和心性提出要求。

在行茶的“雅六式”中，“励志清白”指的是熁盏，也是温杯洁器。在清洗时，要先将沸水沿着茶器边沿缓缓注入茶器中，然后用右手握住茶筅，以画圈圈的形式轻轻扫拂茶器内壁，既可以清洁茶器，又能为茶器提温，为接下来的点茶做好准备。

（五）烹点之妙（点茶）

《大观茶论》开篇所说的“采择之精，制作之工，品第之胜，烹点之妙，莫不咸造其极”，表明宋代时期茶事的各个方面都达到了前所未有的高度，可谓是“盛世之清尚”。而“烹点之妙”，则意味着正式进入了点茶的步骤了。

在《大观茶论》中，宋徽宗将点茶分为七汤，也称七汤点茶法，其步骤分别介绍如下。

1. 调如融胶（调膏）

《大观茶论》中记载，在七汤之前要“量茶受汤，调如融胶”，意思是先将茶粉调成膏状。在调膏时，先取大约一勺半左右的茶粉放入茶盏中，再环绕着茶盏注入适量的沸水，将茶膏调得像融胶一般，有一定的浓度和黏度。

2. 疏星皎月（一汤）

调好茶膏后，再环绕着茶盏的边沿向茶盏内注水。这一步要注意的是，注水时一定要沿着茶盏的四周向里注水，水不能直接冲到茶

末上，并且手法要轻柔，不要触到茶盏。在用茶筅搅动茶膏时，手腕要以茶盏中心为圆心轻柔转动，并渐渐增加力量进行击拂，从而使汤花从茶面上缓缓生出来。

这时生出的汤花有的如稀疏的星星，有的如皓洁的月亮。《大观茶论》中认为："疏星皎月，灿然而生，则茶面根本立矣。"也就是说，当光彩灿烂的汤花从茶面上生发出来后，点茶的根本立了。

3. 珠玑磊落（二汤）

第二汤，注水要求快注快停。这时已形成的浮沫尚未消失，所以要用另一只手持茶筅马上用力击拂，使茶面汤花渐渐焕发出色彩。而当浮沫堆积起来后，就会形成层层的珠玑般的细泡，这一汤要达到"色泽渐开，珠玑磊落"。

4. 粟文蟹眼（三汤）

第三汤，注水时水量如前，但击拂动作宜轻，使用茶筅搅动的速度要渐贵轻匀，将茶汤中的大泡泡击碎成小泡泡，从而使茶面的汤花细腻如粟粒、蟹眼一般，并渐渐涌起。此时，茶面沫饽大半已成定局。

5. 轻云渐生（四汤）

第四汤，注水要少，并放缓击拂速度，但要扩大茶筅的搅动范围，这时茶面颜色也会逐渐变白，似有云雾渐渐从茶面生起一般。

6. 浚霭凝雪（五汤）

第五汤，注水少量，用茶筅击拂前，需先注意观察茶沫的情况。若沫饽过少，则需要继续击拂；如果较多，则轻拂即可，使沫饽逐渐凝集起来。这时茶面会如凝冰雪，茶色也渐渐显露出来。

7. 乳点勃然（六汤）

第六汤，这时沫饽勃然而生，只需用茶筅缓慢搅动即可。

8. 稀稠得中（七汤）

最后一次注水，要注意观察茶面与茶汤。当茶汤稀稠适中时，就可以停止击拂了，此时茶面上就会出现细乳如云雾般汹涌的景象，仿佛要溢出茶盏腾起，在盏的周围回旋不动，称为“咬盏”。

至此，点茶的步骤就完成了。

（六）啜英咀华（品茗）

点茶完毕后，接下来就要进行品茗了。这一步称啜英咀华，通过“三品”的方式来品饮所点的茶汤。

1. 点茶之色（观色）

《大观茶论》中记载："点茶之色，以纯白为上真，青白为次，灰白次之，黄白又次之。"纯白，表明采、制、藏、点等恰到好处；色偏青，说明蒸茶、压黄时不够充分；色泛灰，说明蒸茶、压黄过度；色发黄，则说明茶叶采制得不及时。这些不同的汤色可以鉴别茶的香醇。

2. 茶有真香（闻香）

北宋时期的文人雅士们对茶香是非常敏感的。在点茶后，自然要闻一闻茶汤上方飘浮出来的茶香味。茶汤中漂浮出来的香气，轻灵而不滞重，飘散而不凝滞，沁人心脾，令人愉悦，就如李虚己在《建茶呈使君学士》中所写的那样："清味通宵在，馀香隔坐闻。遥思摘山日，龙焙未春分。"

3. 以味为上（品味）

最后一步自然就是品茗了。品茗在于既能品出茶的真味与正味，又能品出茶的闲情雅致与个中味道。《大观茶论》中写道，在品茶时，"宜匀其轻清浮合者饮之。《桐君录》曰：'茗有饽，饮之宜人。'虽多不为过也。"意思是说，要慢慢地品尝那轻灵、清浮、醇和的茶汤味道，《桐君录》中说：'茶的上面有一层浓厚的浮沫，喝了它对人体非常有益。'即使喝得很多也不为过量。"可见宋人对茶的热爱程度。

实际上，不仅宋代人，

中国历代人饮茶都注重一个“品”字。“品茶”不仅是鉴别茶叶的优劣，也带有神思遐想和领略饮茶情趣之意。在清幽雅静之处，点上一碗茶汤，自斟自饮，或与老友边饮边聊，往往可以涤烦益思、振奋精神，也可以细啜慢饮，达到美的享受。

五、七汤——点茶

“七汤点茶法”为宋徽宗所著的《大观茶论》中最为精彩的部分，见解精辟，论述深刻。它不仅从侧面反映了北宋以来中国茶叶的发达程度和技艺精湛程度，同时也为后人认识宋代茶道留下了珍贵的文献资料。书中对点茶的技巧有精妙的论述，尤其对注汤、击拂的描述尤为精彩，整个过程都充满了点茶的乐趣。

关于“七汤点茶法”，《大观茶论》中“点”的部分是这样描述的：

点茶不一，而调膏继刻。以汤注之，手重筅轻，无粟文蟹眼者，谓之静面点。盖击拂无力，茶不发立，水乳未浃，又复增汤，色泽不尽，英华沦散，茶无立作矣。有随汤击拂，手筅俱重，立文泛泛，谓之一发点。盖用汤已故，指腕不圆，粥面未凝，茶力已尽，雾云虽泛，水脚易生。

妙于此者，量茶受汤，调如融胶。环注盏畔，勿使侵茶。

势不欲猛，先须搅动茶膏，渐加击拂。手轻筅重，指绕腕旋，上下透彻，如酵蘖之起面。疏星皎月，灿然而生，则茶面根本立矣。

第二汤自茶面注之，周回一线，急注急止，茶面不动。击拂既力，色泽渐开，珠玑磊落。

三汤多寡如前，击拂渐贵轻匀，周环旋复，表里洞彻，粟文蟹眼，泛结杂起，茶之色十已得其六七。

四汤尚啬，筅欲转稍宽而勿速，其真精华彩，既已焕然，轻云渐生。

五汤乃可稍纵，筅欲轻盈而透达。如发立未尽，则击以作之。发立已过，则拂以敛之。结浚霭、结凝雪，茶色尽矣。

六汤以观立作，乳点勃然，则以筅著居，缓绕拂动而已。

七汤以分轻清重浊，相稀稠得中，可欲则止。乳雾汹涌，溢盏而起，周回凝而不动，谓之咬盏。宜匀其轻清浮合者饮之。《桐君录》曰："茗有饽，饮之宜人。"虽多不为过也。

第五章 非遗传承

一、点茶精神

早在唐代时期，就有了“茶道”一词。御史中丞封演在《封氏闻见记》中记载：“又因鸿渐之论，广润色之，于是茶道大行。”唐代刘贞亮在《饮茶十德》中也提出：“以茶可行道，以茶可雅志。”与陆羽有忘年之交的皎然在《饮茶歌诮崔石使君》中也写道：“一饮涤昏寐，情思爽朗满天地；再饮清我神，忽如飞雨洒轻尘；三饮便得道，何须苦心破烦恼……孰知茶道全尔真，唯有丹丘得如此。”这些都说明中华自古重视“茶道”。

宋代在经历了唐代茶业与茶文化启蒙的发展阶段之后，成为历史上茶饮活动最为活跃的时代。上至王公大臣、文人僧侣，下至商贾绅士、黎民百姓，无不热衷于点茶、品茶、斗茶。在品饮过程中，除了有内容丰富、技艺高超的点茶技艺外，民间的饮茶方式也逐渐变得丰富多彩。

宋徽宗赵佶在《大观茶论》中，就详细地记述了宋代的茶道，其中写道："至若茶之为物，擅瓯闽之秀气，钟山川之灵禀。祛襟涤滞，致清导和，则非庸人孺子可得而知矣；冲淡闲洁，韵高致静，则非遑遽之时可得而好尚矣。"其中，"致清导和"四个字就是对中国茶道基本精神的高度概括，揭示出了中国茶道的本质特征。

在"致清导和"四个字中，核心是"清"与"和"。从字面意思来看，"清"是指水或其他液体、气体纯净透明，没有混杂的东西，与"浊"相对。同时，"清"还引申为清洁、清淡、清纯、清逸、清高、清醒、廉洁、淡雅、清心等含义，比如在《淮南子·原道》中有"圣人守清道而抱雌节"，《楚辞·渔父》中有"举世皆浊我独清"的语句。

"和"的解释比较多，其本意之一为和谐，后来又引申为平和、温和、柔和等含义。比如《孟子·公孙丑》中有"天时不如地利，地利不如人和"的语句，意为融洽、协调；再有出自《论语·学而》中的“有子曰：‘礼之用，和为贵。’”有中和、适中的意思。

那么在茶道精神中,“清”与“和”都分别有什么内涵呢?

（一）“清”

“清”可用六个词来诠释，分为三个境界。这六个词是清静，清洁；清雅，清美；清明，清心。

清静，是指茶室的环境要安静，不能有人打扰，在这种清静、雅致的氛围下点茶品茶，才更能感受到茶的香气与韵味。清洁，是指茶室、茶席、茶器、水、茶、茶人都要洁净无尘，不要被外界的尘埃影响了天然洁净的茶。

清雅,是指茶室要保持清雅。古人的文人墨客都追求“雅致”，喜欢做“雅事”，而点茶与挂画、插花、焚香并称为“四雅”，所以“清雅”也就成了文人雅士们品茶时所追求的标准和境界。清美，美是人类所追求的至高境界，各种艺术可能难有统一的美的标准，但“美”却是人们所追求的共同目标，点茶同样也追求境界和氛围的美好。

清明，是指在修习点茶的过程中，学习茶与国学，用心感悟，学明先贤智慧，看明世间道理。清心，是指通过点茶、品茶来静心凝神，修身养性，去除心中杂念，远离无谓苦恼，陶冶自己的情操，于慢斟细品间收获一份清心快乐。

（二）“和”

“和”为儒、佛、道三教共通的哲学理念，茶道精神中追求的“和”通常认为源于《周易》中的“保合太和”。它的意思是说，世间万物都是由阴阳两要素构成的，阴阳协调才是“和”，而且只有保全太和之元气，才能利于万物生长，这才是人间的真道。《老子》第四十二章中就曾写道：“万物负阴而抱阳，冲气以为和。”关于这一点，在陆羽的《茶经》中也有论述。

“和”的内涵极其丰富，儒家学派创始人孔子就曾以“和”作为人文精神的核心，在《论语·学而》中强调“礼之用，和为贵”。汤一介在《世纪之交看中国哲学中的和谐观念》中，也提出“由自然的和谐、人与自然的和谐、人与人的和谐、人自我身心内外的和谐，构成了中国哲学的‘普遍和谐’的观念”。可见“和”在人们心中的重要地位。

在点茶精神中，“和”同样用六个词诠释，分三个境界，这六个词分别为：和口，和乐；和睦，和平；和善，和合。

和口，是指点出来的茶首先要健康、可口。如果仅仅为了追求丰厚沫饽而损失了茶的天然清味，那就本末倒置了，不符合“和口”这一标准。和乐，其中的“乐”代表的是艺术，即伴随在点茶过程中出现的挂画、焚香、插花等雅事，这些情景与点茶一起构成了一种高雅的艺术氛围。

和睦，是指通过点茶、品茶的行为改变心性，与周围的人建立起和睦融洽的关系，如与家人一起品茶，享受美好的家庭生活；与朋友一起品茶，分享友情的美好……有茶无茶，和在心中，自然可加深与家人、朋友等之间的友好关系。和平，真正的点茶是为了“和平”，茶人彼此之间同真、共静，在一种和平、融洽的氛围中相处、品饮，世人和，则世界和平。

和善，是指每个人都要追求一种善念，点茶之人更应通过学习各种点茶知识将善念内植于心，让自己心怀善意，友爱众生。这既是天道之本，也是点茶精神的精髓所在。和合，真正的点茶之人，在点茶过程中会将自己的情绪、心念与茶融为一体，做到“茶人合一”。同时，“和合”也指“知行合一”，即学习了各种知识、明白了各种道理后，还要将知识、道理付诸行动，从而为他人、为社会做出一定的贡献。天人合一、阴阳合一，亦是点茶所追求的境界。

每次非遗宋代点茶传承课，都会特别强调茶道精神——致清导和，从内涵到应用逐一讲解。为了让众人更容易理解，从关注茶的表象到尊重茶的精神，我将部分感悟整理成《宋茶清言》，持续引导弟子。抖音“宋代点茶非遗传承人宋联可”、视频号“非遗点茶”也持续发布，希望大众也能了解与尊重中华茶道。只有理解与尊重茶道，才能懂茶、惜茶，以茶悟道。

点茶看似是一门技艺，却承载着中华文化。通过对这一技艺的学习与练习，我们将茶作为沟通自然与心灵的灵草，在茶事活动中融入哲理、道德、思想、情绪等，并通过点茶品茗来修养身心、陶冶情操、品味人生，以实现自然与人文的高度契合，追求“天人合一”的理想境界与和谐心境，达到精神上的享受与人格上的洗礼，这才是点茶精神的最高境界和真正内涵。

二、传承体系

中国是茶的故乡，中华茶文化源远流长，博大精深。中国人饮茶始于神农时代，至今已有4700多年的历史。茶文化可以追溯到两晋南北朝时期，最早喜好饮茶的多是文人雅士。唐代开元以后，中国“茶道”大行，饮茶之风逐渐弥漫朝野，而宋代则承继唐代饮茶之风，并日益普及。

点茶，是中国传统技艺。根据当前的考古、文献资料来看，其出现时间不晚于唐末五代，盛行于两宋。明代泡茶法盛行后，点茶法式微，在中华大地鲜有提及。

宋代是中国茶文化发展的鼎盛时期，时人无不以饮茶、品茶为时尚，饮茶之法则以点茶为主。宋代的点茶法是将茶碾磨成粉末状，然后用茶罗分筛出最细腻的茶粉。茶粉投入茶盏后，马上以沸水冲点，随即用茶器快速击打，使茶与水充分交融并使茶盏中出现大量白色茶沫为止。

宋代点茶历史悠久，讲究茶汤乳白，茶筅击拂茶汤产生的泡沫要能“咬盏不散”，从而将饮茶上升为一门艺术；不仅在当时风靡一时，更是远播海外，后来在日本独成一脉。在漫长悠久的中华茶饮史上，点茶之姿翩若游龙，宛若惊鸿。可以说，宋代点茶在中国茶发展史上有着不可取代的地位。

中国江苏省镇江地区属亚热带季风海洋性气候，这里四季分明，气候温和，雨量充沛，丘陵遍布，植被丰茂，土壤、水分和光照条件极适宜茶树的生长，是我国江南著名的“鱼米之乡”。“茶圣”陆羽在《茶经·八之出》中曾提及

“润州产茶”。镇江在唐代时期就被称为润州，并且唐代时已将其列为江南重要的产茶区。

位于镇江金山之西塔影湖畔的中冷泉，千百年来一直被世人称为“天下第一泉”。据唐代张又新《煎茶水记》记载，品泉名家刘伯刍对若干名泉佳水进行品鉴，较水宜于茶者凡七等，镇江金山中冷泉评为第一，故素有“天下第一泉”之美誉，自唐迄今，盛名不衰。

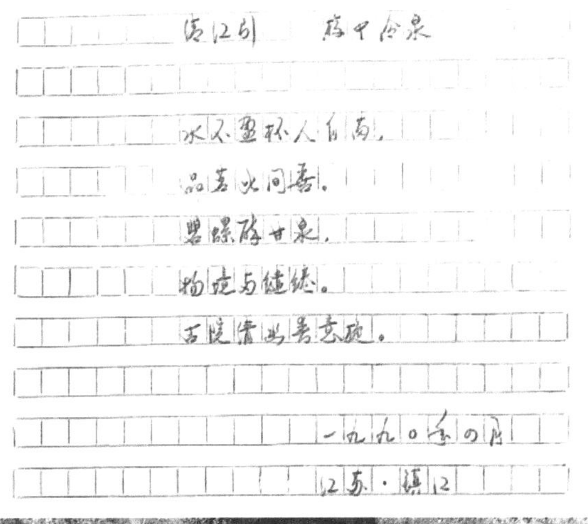
一九九〇年四月
江苏·镇江

宋文光遗作

宋代以前，中国人喝茶都是以煎茶为主。到了宋代，发生了新的变化，点茶之法成为时尚。当时点茶技艺最高的标准为宋朝皇家，宋徽宗赵佶即位前，曾以平江、镇江军节度使的身份被封为端王，禅位后又来到镇江，对镇江的山、水、茶颇有感情。他根据自己对点茶法的所知、所学、所为、所感，写成了集点茶法之大成的《大观茶论》，成为指导点茶的传世经典。

《大观茶论》全书共二十篇，对北宋时期蒸青团茶的地产、天时、采择、制造、器、水、点、藏、焙等均有详细记述。其中“点茶”一篇，更是见解精辟，论述深刻，从一个侧面反映了北宋以来我国茶业的发达程度和制茶技术的发展状况，也为后人认识和了解宋代茶道留下了珍贵的文献资料。

宋代时期点茶技艺的发展，在一定程度上蕴含着时代的政治理念。比如，贡茶体现了中央政府对地方控制的加强，通过斗茶来评定茶叶品质，《大观茶论》对茶叶的品质形成与判断都有详细描述；茶税成为当时政府的重要财源之一，沈括在镇江所写的《梦溪笔谈》就详细记述了宋代茶税的征收情况。

到了明朝，穷苦出身的明太祖朱元璋（1328—1398）极其厌恶复杂的贵族化饮茶方式，于是在洪武二十四年（1391）以减轻茶户劳役为由，下诏令：“岁贡上供茶，罢造龙团，听茶户惟采芽茶以进。”昭告天下废团茶兴叶茶，全国上下改泡茶法，从此散茶成了主流，风雅千年的点茶技艺在中华大地上逐渐衰落。然而，镇江地区一直留存着点茶之法，老人们还常说“吃茶”。

宋氏家族受皇恩后，作诗一首作为家族字辈谱，最后一句“济世昌衍佐中河”表达守护宋代文明之意，宋联可是第二十代传人。在宋氏笔记中记载：

宋伦安（1919—1977），少时因家贫送至书铺为学徒，于客人呼书名递送之际，强闻暗记而渐能识文，如是经年竟可览古阅今。钻研《大观茶论》，迷于此道。借馀暇修习，依论点出乳雾、溢旋如画。

宋文光（1944—2018），宋伦安长子，秉其父嗜书与痴茶之癖。少即文秀于人前，而后一生笔耕不辍，而立之年专研《茶论》于人后，不仅精于点茶，还借茶悟道，洗心涤性，厚德立行，不负君子。

宋联可（1979— ），宋文光次女，受其父言传身教，自幼爱茶研茶习茶，根据前人身授技艺与研习成果，潜心于宋茶的精深微妙，渐由技及心，假今时物力之便利，广借天下之器之技之礼之道为点茶所用，更致力于完善传承体系、弘扬优秀传统文化。

宋联可

宋联可出生在书香世家，毕业后便进入江苏大学任教。受家人影响，自幼热爱古茶道，从小学茶、行茶、研茶，研读各种古茶书，尤其对宋代点茶文化喜爱至深。在大学任教期间，她也在不断琢磨如何建立一套完整的培养体系，以传承宋代点茶技艺。2004—2007 年，宋联可在南京大学攻读博士时，切身感受到导师带学生的必要性与科学性，于是在 2012 年作为访问学者前往美国密苏里大学专门找教育方面的著名学者请教，2013 年拜到桃李满天下的彭清一门下潜心学习。通过专研传承体系，宋联可最终于 2012 年重新整理出《宋代点茶传承体系》，并获得版权。

根据家人身授技艺与自己多年的研习成果，宋联可在镇江地区探寻点茶茶器、茶艺、茶俗、茶史及相关茶文化。为了将点茶技艺传承下去，从 2014 年起，宋联可每年都会举办庄重的传统收徒仪式招收弟子，弟子终身跟随其学艺修德。截至 2021 年端午，有 139 位四世传承者，其中入室 3 人、入门 21 人、记名 113 人、宋宗 2 人，在 60 个城市、5 个国

2019 年非遗宋代点茶传承仪式

家有计入谱系的弟子；有4位五世传承者。

所有弟子在拜师前都要经过严格筛选，宋联可最看重拜师之人的人品，不熟悉或无品德高尚者推荐的都无缘。弟子拜师后，就要严格遵守“弟子八不准”“对外开展传承工作资格说明”“弟子晋级说明”等规定。同时，成为弟子后还要进行严格的系统培训——每天在群里线上学习茶知识、国学，上传点茶习作；每周聆听一堂线上讲座，参加一次线下学习交流，参加一次公益奉茶活动；每月上一次线下课程，参加一场斗茶文会。弟子日积月累的学习情况、参与公益活动的次数、保护与传承点茶道的贡献等，都会清晰地登记入台账。这些弟子们的“成绩”，是能否成为记名弟子、入门弟子、入室弟子、嫡传弟子的依据，而弟子的身份也决定了弟子在传承体系中的资格。

比如，不管是在中德经贸合作交流晚宴上为德国前总

2019年宋联可带团队参加点茶吉尼斯世界纪录

统、全球中小企业联盟主席克里斯蒂安·伍尔夫进行展演，还是非遗进入校园为润州区朱方路小学学生展演；不管是碾茶、罗茶、炙茶，配合点茶，还是古筝、茶歌、茶舞、武术、香道等其他艺术同台表演，舞台上的演员都是入门及以上弟子。除特殊申报并通过的情况，非入门弟子只能从事其他辅助工作。

德国前总统、全球中小企业联盟主席克里斯蒂安·武尔夫欣赏与品鉴宋联可点茶

中国有很多非常好的技艺，但因为没有科学而系统的传承体系，都一直默默无闻甚至失传，而“非遗宋代点茶传承体系”不仅是为传承宋代点茶，也为传承各类技艺提供了有益的参考。

通过多年努力，2019年1月，宋联可带领弟子终于将“宋代点茶”成功申报列入镇江市润州区非物质文化遗产名录。可惜，宋联可的父亲并未等到这一天。宋联可暗下决心，继承遗愿，秉承正气，做好传承。

菩萨蛮·七七

宋联可

无风无雨无冰雪

云迷雾锁藏正月

朝默坐高楼

凡尘万籁幽

着白衣守孝

茹素食悲悼

隐痛度七七

此生承所遗

己亥年正月初九

全国非遗工作一向坚持“科学保护，提高能力，弘扬价值，发展振兴”的理念，非遗宋代点茶因有深厚的历史沉淀，也迎来了快速发展阶段。2019 年 4 月，宋联可代表中华茶道老师，将点茶的茶粉与茶器赠送给联合国前秘书长、博鳌亚洲论坛理事长潘基文。德国、日本、新西兰、泰国等政要也亲临现场观赏点茶技艺、品饮点茶，江苏省文化和旅游厅、省统战部、省侨联、省妇联等机构，都对此非遗项目给予了关心，镇江市各单位也纷纷给予支持。

宋联可赠送点茶粉与点茶器给联合国前秘书长、博鳌亚洲论坛理事长潘基文

日本四街道市教育长高桥信彦一行欣赏与交流宋代点茶

全国工商联原副主席庄聪生为宋联可著作签名留念

江苏省侨联副主席陈锋一行视察、调研点茶项目

江苏省妇联主席张彤欣赏点茶展演、指导点茶发展之路

中国华侨国际文化交流促进会副会长和志耘一行调研、交流宋代点茶

著名主持人朱迅在央视《对话新时代》栏目中访谈宋联可

“宝剑锋从磨砺出，梅花香自苦寒来。”今天的宋代点茶，已经作为中华非遗技艺绽放出了炫美的光彩，这一切都来自于宋联可团队潜心打造的科学传承体系新模式。而作为宋代点茶的传承人，宋联可也乐于将自己获得的经验与形成的体系分享给其他非遗项目，希望帮助中华非遗技艺得到更好的保护与传承。

三、教学课程

（一）理论基础

（1）传承宋代点茶，以《大观茶论》为核心教材。

（2）借鉴古代君子六艺修习，以茶修身。

（3）基于6Q国学堂培养体系，修情、修智、修德、修美、修体、修心。

（二）课程体系

	知	行	合一
修习一	茶史·修情	操作	杏坛
修习二	茶知·修智	操作	杏坛
修习三	茶礼·修德	操作	杏坛
修习四	茶器·修美	操作	杏坛
修习五	茶艺·修体	操作	杏坛
修习六	茶修·修心	操作	杏坛
修习七	宋代点茶斗茶文会		

（三）弟子进阶学习体系

（1）纯白班（弟子班）

人群：嫡传弟子、入室弟子、入门弟子、记名弟子。

（2）青白班（弟子后备班）

人群：准记名弟子、学道弟子、专业点茶人、点茶爱好者。

优秀学员可申请成为宋联可博士记名弟子。

（3）灰白班（基础班）

人群：点茶兴趣者。

优秀学员可报名进入青白班学习。

（4）黄白班（推广班）

人群：普通人群。

优秀学员可报名进入灰白班学习。

江苏大学初级点茶师培训班课表

模块	内容
接待准备	宋茶文化
	点茶空间
点茶实操	点茶席
	初级点茶
茶事服务	茶饮推介
	茶事服务

非遗宋代点茶青白三品传承班课表

模块	内容
致清·宋茶清言	茶史
致清·宋茶清言	宋茶
致清·宋茶清言	渊源
致清·宋茶清言	传承
致清导和·点茶道	致清
致清导和·点茶道	导和
导和·宋茶和行	三才茶席
导和·宋茶和行	布茶席

（续表）

模块	内容
导和·宋茶和行	四象茶器
导和·宋茶和行	配茶器
点茶操作规范（DB3211/T 1011—2019）	解读
点茶操作规范（DB3211/T 1011—2019）	技法（标准）
非遗七汤点茶法	参悟
非遗七汤点茶法	技法（非遗）
非遗点茶十式	仪轨
非遗点茶雅六式	仪轨

（四）庚子年非遗宋代点茶弟子学习机制

每天：清晨寄语、《弟子规》、致清导和、茶知识、国学知识、点茶习作、师父抖音视频1个。

每周：线下练习1次、公益奉茶1次、师父音频课程1讲、师父直播课1堂。

每月：斗茶会1场、弟子请教师父1次、师父线下课1次。

每年：年度斗茶1次、发布点茶榜、统计年度点数。

不定期：单独指导、现场密训、直播密训。

附录一
五行性格测试问卷
（031303，职场版）

请根据下面描述与您性格的相符程度，在相应分数下打“√”。（1= 很不符，2= 比较不符，3= 符合程度一般，4= 比较符合，5= 很符合。）

性格描述	1	2	3	4	5
1. 我容易紧张。					
2. 我经常攒钱。					
3. 我是个重要人物。					
4. 我心中有事时，睡不好，做噩梦。					
5. 我十分讲究礼貌和整洁。					
6. 我喜欢幻想，并能从中得到快乐与满足。					
7. 我主张对违法的人严惩不贷。					
8. 其他同事不认真工作时，我就很恼怒。					
9. 我与单位里大部分同事都不和。					
10. 我在单位有那种“大家庭的一员”的感觉。					
11. 我在热闹的聚会中会尽情地玩。					
12. 我很容易就能将一个沉寂的集会搞得活跃起来。					
13. 即使在热闹的环境中，我也能保持平和的心境。					

（续表）

性格描述	1	2	3	4	5
14. 在聚会中，我总是坐在一角，不会主动融入热闹的气氛中。					
15. 我喜欢具有艺术气息的工作环境。					
16. 希望自己能在多种部门工作。					
17. 我喜欢大量旅行的工作。					
18. 我很重视企业文化，一旦发现与自己的价值观有所不同时，就会选择辞职。					
19. 我常常是仔细考虑之后才做出决定。					
20. 万不得已的时候，我只吐露一些无损于自己的那部分真情。					
21. 在决策前，我会理性分析各种影响因素和可能结果，并做出恰当的决策。					
22. 确定计划后，我不会立即实施。					
23. 在执行计划中，我不会急功近利，而是按计划严格执行。					
24. 当我发现继续执行原定计划可能带来潜在的问题时，会在第一时间停止此计划。					
25. 我喜欢分析事情的利弊，并按最有利我的方式去处理。					
26. 我对潜在风险有着敏锐的观察力，能巧妙地解决困难。					
27. 面对问题，我总能从容面对，有条不紊地制定与实施解决方案。					
28. 我在工作过程中的表现一直比较稳定，即使有“突发”情况，也能轻松处理。					
29. 我喜欢指导别人如何行事。					

（续表）

性格描述	1	2	3	4	5
30. 我不认为自己有义务帮助其他同事完成工作。					
31. 我想给同事提一个改善建议时，会真诚地直接说出。					
32. 面对同事的排挤、挑衅，我总能容忍，而不会实施报复。					
33. 不管同事的性格如何，我都能接受，并配合他完成好工作。					
34. 当我确信我正确时，我就能说服别人。					
35. 在开会时，我总是积极维护开会秩序。					
36. 部门会议中，我一般不会主动发言。					
37. 与同事意见不同时，即使争论十分激烈，我也能控制自己的情绪，理性应对。					
38. 小组讨论出现分歧时，我一般会按照“少数服从多数”的原则行事。					
39. 在小组讨论中，我会积极发言，并坚持自己的观点是正确的。					
40. 工作会议中，即使我完全肯定自己的方案是正确时，我也有足够的耐心倾听他人的意见。					
41. 在执行计划时，我不会犯细节性的错误，并能想办法克服各种困难完成任务。					
42. 工作中，我脚踏实地，埋头实干。					
43. 在日常工作中，我会严格遵守公司的规章制度。					
44. 我在参加的每个工作项目中，都努力展示我的能力。					

（续表）

性格描述	1	2	3	4	5
45. 在小组测评中，我总会谦虚让贤，不争功好胜。					
46. 我常常第一个到办公室，最后一个走。					
47. 我对待工作一向细致、认真。					
48. 我现在的工作枯燥乏味。					
49. 我对现在的工作非常满足。					
50. 我努力工作不是因为报酬，而是因为我追求成就。					

答案

每一句话是对一类性格特征的描述，所打分数即是该类性格的描述得分。描述分为正向和负向。

正向描述得分为应加分数，负向描述得分为应扣减分数。

统计各性格的总得分，分数越高说明该类性格特征越明显。

以下是各个描述与五行性格各类型的对应关系。

火：

正向：3、11、12、13、14、24、27、36

反向：9、38

金：

正向：1、19、23、28、33、37、39

反向：2、4、48

木：

正向：6、8、15、17、21、25、32、42

反向：16、20

水：

正向：5、7、26、34、40、41、45

反向：10、29、30

土：

正向：18、31、35、43、44、46、50

反向：22、47、49

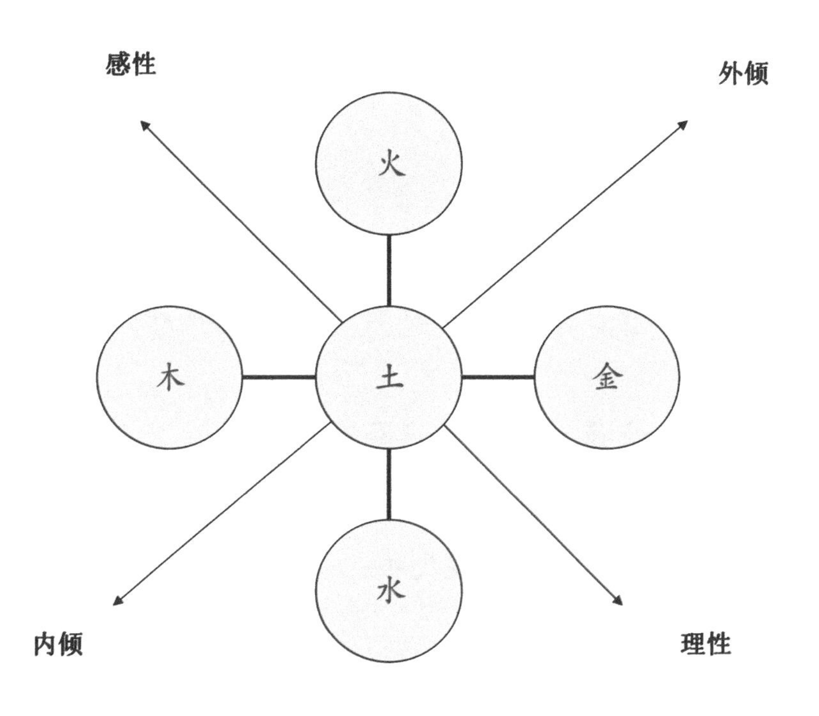

附录二
宋茶清言
（庚子年十月）

宋联可博士每日发一条“宋茶清言”给诸弟子学习，希望弟子每日习茶、行茶，更要以茶修身。同时，也在抖音“宋代点茶非遗传承人宋联可”、视频号“非遗点茶”上发布，希望世人以茶悟道。

以下是庚子年十月的“宋茶清言”。

点茶对内修身，对外化天下——内圣外王。

点茶之法，不在力大，不在速急，不在时长，在乎勤习、悟技、清心。

不知内因外缘，不可见汤论技。

生命犹如一盏茶，过去已幻灭，未来尚未至，唯有当下一盏茶。

心无杂念，当下清心点茶；心不强求，世间万象无牵。

茶汤无言，已融入了万物本心。时间不语，却回答了所有问题。

镜里的映像，是虚实结合的像。盏里的茶汤，是天人合一的汤。

人生是一边拥有一边失去，一边选择一边放弃。点茶，拿起，放下。

有色有香有味，让茶成为好茶；无虑无欲无念，渡我回归本我。

远离烦恼管好口，不乱品饮，不乱说话。话前心是主，话后话是主。

健康饮茶是养生，清心点茶是养性。舍近求远，不若人茶合一。

习茶先懂茶，行茶先正身。知不行无茶，行不知误茶，点茶需知行合一。

不能改变茶性点茶，需见茶点茶；不能改变事情结果，就清心和之。

点茶，要有点好茶之信心，亦要有点好茶之技巧。成事心与成事力，缺一不可。

该来总会来，不拒绝，勿生怨，笑面对。陋室，破盏，无茶，心安便是点茶。

一汤到七汤，上汤成就下汤，没有一，哪来七？我对，不必生气；我错，不能生气。气，生于心，溶于茶，苦于口，伤于身。

人生不能时时顺心，点茶难以次次顺意。你若平和，一切皆好。

力小不发，力大破面，中庸为妙。看淡得失，超越成败，平常自适。

点茶之法，无外勤学苦练、修身养性。没有不劳而获之果，也无侥幸而达之功。

心到，指绕，筅至，汤妙。心在哪，事在哪。清心则无扰。世人看汤表，茶人品茶汤，君子以茶悟道。

满足欲望，得短暂快乐。知足当下，获一生幸福。斗茶胜了又如何，不若清心点盏茶。

点茶，扬茶之长，避茶之短，惜茶之缘；做人，看人长处，帮人难处，记人好处。

发立未尽，击之；发立已过，拂之。然，吾等判断不一，难悟中庸之道。

不患贫，患不足。不在乎沫饽多少，在乎点茶之初心。每日点茶，茶越来越美，心越来越清。

成熟，看得懂；豁达，看得透。专注点茶，不是不知，不需知。

行茶，没有日复一日的练习，不自然，无气韵，何谈人茶合一？

善念不见，人自和；恶念虽隐，人自亏。点茶何念，茶汤自辨。

花时间去抱怨，就少了时间去惜福。盏不大不小，只能容一盏茶。

点茶，时快时慢；人生，有张有弛。

附录三
弟子感言
（庚子年十月）

在2019年成功申报列入非物质文化遗产项目后，点茶在中国热了起来，全国各地的茶人和传统文化爱好者纷纷前来拜师学艺，其中有不少人对茶道、中华优秀传统文化有高度认同。成为弟子后，每天跟随一起学点茶、学国学，逐渐从接触茶道到尊重茶道，再到传承茶道。其中，不少弟子本有造诣，甚至是各个领域的师者、领导者，他们以茶修身，也因点茶而有了新的人生感悟。

以下是庚子年十月的弟子点茶感悟。

非遗宋代点茶四世第五十位记名——茶玲：日本茶道大师千利休说："须知茶道之本，不过是烧水点茶。" 一盏好茶汤，离不开茶与水相融的关系，也与点茶当时的时间、空间和点茶者当下的心境相联，所谓天地人合一！茶道、花道、香道、剑道之所以在日本能够传承，是离不开日本人对传统的尊重，离不开传承的继续！路漫漫其修远兮，吾当上下而求索！不忘初心，方得始终！

非遗宋代点茶四世第五十一位记名——茶华：在某一个日落的黄昏，某一个宁静的夜晚，手握茶筅，静静地点茶，看乳雾汹涌，溢盏而出，画一幅茶画，那一刹那体会到了寂静、默然和欢喜，物我两忘。美是回来做自己。

非遗宋代点茶四世第五十三位记名——论仪：在没有

接触宋代点茶时，感觉中国茶文化是无续的；面对日本茶道的盛行，感觉中国茶无着落。当学习了宋代点茶的文化和点茶艺术以后，倍感荣幸，甚是欣慰。

中国茶文化有了宋代点茶的传承与发展，可以向世界说：中国茶文化，是中国的文化，也是世界的文化，不再是日本茶道在世界上独树一帜。作为非遗宋代点茶的传承人和点茶人，都要具有竞争意识，真正的中国文化自信方能重新树立起来。

非遗宋代点茶四世第五十七位记名——茶仙：1. 曾经以为不可能的，只不过是还没有开始。而一旦有了开始，一切皆有可能。人生路上，千万不要自我设限！——左手执汤瓶成长感言。2. 所谓的不小心，其实就是心不在焉。你专注的程度将决定你成长的速度。——焙茶·糊了。3. 知，未必做到；行，未必做好。知而不行，枉知；行而不思，枉行。习茶路漫漫，其修远兮！ 4. 皆不清心，何来和合。——茶汤分离感言。5. 点茶，击需有力，拂不可急。做人，需刚柔并济。6. 注重结果的过程，感知不到幸福。勿贪，欲速则不达！ 7. 点茶，放下，拿起。能妥妥地放下，方可稳稳地拿起。8. 不同的制茶工艺，改变着茶的内含物质，使其发生变化。选茶→焙茶→捣茶→磨茶→罗茶→点茶，无论点出的茶汤是怎样的，都是值得欢喜的，因为经历本身就是一种财富！ 9. 茶粉不同，茶性自然也不同。如何能做到见茶点茶？一定是来自于平日万千次的积淀。10. 不知者无畏。何言清明。——清明。

非遗宋代点茶四世第六十四位记名——茶美：习茶于我而言是一种选择，也是一种修行。开始时，很多人都不理解为何要点茶来喝，而我却独乐其中。点茶在沫饽的起伏之中体现出一个人的心境，心情的愉悦、欢喜或忧郁均能体现在这一盏茶中。如今我喜欢这份点茶带给我乐趣与修行。宋代点茶：在于点，在于喝，在于对高品质生活的一种升华。而我们现在做的不正是如此吗？把一种文化重新让更多的人认知和理解，让文化传习下去。所谓不忘初心，方得始终。而我们的追求就是让宋代点茶在生活中得到更多的认知和理解。

非遗宋代点茶四世第六十八位记名——茶露：1. 美，无处不在，只需一双善于发现美的眼睛！——茶汤之美。2. 过分追求丰富的沫饽，最终导致沫饽的虚大，难再收回，贪执的心，导致了一碗“贪执”的结果，由果寻因，“心念”也！若问，“心”在哪里？一碗茶汤足矣回答！3. 相（茶）有万别，彼岸（心念）如一，心无分别，相亦无差！4. 生命因无常而美丽，世界因无常而精彩！这片叶子因生命的无常从茶树上被摘取、揉捻、碾压、蒸压、穿凿……却又因这生命的无常，而美丽、精彩！所以面对无常，无须畏惧，坦然更珍贵！

非遗宋代点茶四世第六十九位记名——茶贝：让“致清导和”融入生活。刚开始练习点茶时，点茶和生活，对我来说是分离的。好像必须要按下暂停键，脱离出来，安静下来，才能真正进入点茶世界。后来，按照师父的教诲，开始连续21天修习“每日一点”。第一天感觉点得不错，第二天必然点得不好。连续几天点得不很满意，又会连续几天点得很满意。一时觉得点茶很难，一时又觉得颇为容易。就这样高高低低，起起伏伏，一如生活。再到后来，慢慢找到了点茶的规律。茶粉，注水，运筅，时间，技法。前前为因，后后为果，都离不开“致清导和”。心是可以训练的，当点茶成为日常生活的一部分，一如吃饭喝水，那“致清导和”也就成为常态。开始工作前，默念；吃饭前，默念；点茶前，默念；睡觉前，默念。然后，慢慢就没有了暂停键。从致、清、导、和，到致清、导和，然后致清导…和，最后致清导和。何为点？何为茶？何为点茶？何为生活？无难易、无高低、无分别。

非遗宋代点茶四世第七十二位记名——论天：大凡交友，总是怀着“调如融胶”的心态，都希望能遇到一个志同道合、肝胆相照、和谐默契的知己。然而环视四周，如“疏星皎月”，虽明亮却在遥远的天际，一人难觅。于是乎，你试着用“珠玑磊落”的原则去分辨好坏亲疏，不料却都是“粟文蟹眼”，虽有大小远近，却人心隔肚皮，实在是难辨忠奸。当你们经过一段时间的了解，继而共同经历过酸甜苦辣、喜怒哀乐，进入“浚蔼凝雪”的姐妹情深、兄弟情义。接下来，同甘共苦的如胶似漆之后，你感到“乳点勃然”的佳境，为有这样的挚友而甜蜜、兴奋，充满激情。然而最后，当激情退去，友情慢慢沉淀，如水般平静的心境下，哪怕几年不联系，突然见面或者接听电话时，也像是昨天刚刚分手的感觉，依然如故，毫无生疏。这才是到了友情“稀稠得中”的最高境界。点茶如是，友情如是，人生亦如是！

非遗宋代点茶四世第七十五位记名——论雨：点茶是将艺术性与技巧性糅合在一起的宋代茶文化的体现。抛却生活的浮华，沉下心来，点一盏茶，需要心神合一，温盏，调膏，注水，击拂，直至激起层层沫饽且细腻而持久。放慢自己的步伐，以心底的声音静静地与茶对话，在拿起与放下之间，思考着生活的意义。千年后的今天，世人对宋代点茶的复刻修习，是对宋代美学的传承，也是对我国悠久茶文化的致敬。

非遗宋代点茶四世第七十七位记名——论涵：由刮盏想到，凡事留一线，日后好相见。刮盏，既伤盏，又伤筅，点出来的茶也是差强人意。就像人与人之间的相处，如果可以给彼此一些空间，就可以少一点摩擦，多一分自在。相处变得轻松愉悦，结果自然是皆大欢喜。生活中有很多小细节，往往透着哲理。只是我们在忙碌中忘记了静下来想一想，停下来看一看，以至于忽略了最简单的真相。大道至简，繁在人心。只有心自在了，人生才会自在。

非遗宋代点茶四世第八十六位记名——论忻：通过向师父学习宋代点茶，明晰了点茶的来龙去脉，知道了它的前世今生，真的觉得，传承非遗茶文化使命重大。线下亲身观看师父点茶，深深体会到何为“道”，道如何真正在一个茶人身上体现出来，以及如何真正把茶和人做到天人合一。宋代茶道，不仅仅是停留在这个“技”，真正的内涵是点茶精神，并且通过点茶的技法，修炼自己，做到“致清导和”，通过自身的修炼，体现出这种茶道精神，悟道，传道。修习点茶的这段时间里面收获很大。在点茶的过程中，慢慢回归自我，感受内心的宁静；沫饽的呈现效果，完全是内在的真实写照。一盏一盏修习，一天一天精进。感恩遇见，非常开心，很荣幸成为非遗团队中的一员。幸福开心的是，我也收获了志同道合的好朋友。

非遗宋代点茶四世第八十八位记名——论梅：我记得许久以前，贵州的一个茶叶专家和我说：“茶就是农副产品，怎么好喝怎么泡就好了。”一开始，我是认同他这句话的，毕竟茶最基本、最原始的需求是解决人生理的需求。根据马斯洛需要层次理论，当人满足了基本的生活需要之后，会有更高层次的追求。这也适用于宋代点茶。宋代点茶是“道”层面的境界。学习宋代文化以及宋代点茶，使我慢慢懂得了生活其实是一个由繁到简的过程。在点茶时，我学会了观己。在以后的点茶之路，慢慢悟道，有一天真正做“上善若水”。我常挂在嘴上的一句话：活在当下、做好自己、未来可期。

附 录 四

非遗宋代点茶城市驿站（驿长）汇总表

（按省区市拼音排序）

序号	地区	驿长	级别	排序
1	安徽·合肥	曰炎	入门	37
2	北京·房山	论演	记名	110
3	重庆	茶蓉	记名	70
4	福建·建阳	茶盏	记名	55
4-1	福建·宁德（副）福鼎（分）	论忻	记名	86
5	福建·泉州	茶晶	记名	62
6	甘肃·白银	茶丽	记名	61
7	广东·深圳	茶华	记名	51
8	贵州·黔南	论梅	记名	88
9	河南·焦作	茶琨	记名	66
10	湖北·天门	茶容	记名	53
11	吉林·长春	论因	记名	78
12	江苏·常州	论唯	记名	81
13	江苏·淮安	论舍	记名	90
14	江苏·连云港	论雪	记名	110
15	江苏·昆山	论优		79
16	江苏·南通	论偲	记名	75
17	江苏·泰州	论芷	记名	84

（续表）

序号	地区	驿长	级别	排序
18	江苏 · 无锡	论曦	记名	104
19	江苏 · 徐州	论仪	记名	74
20	江苏 · 盐城	盛燕	入室	1
21	江苏 · 扬州	茶贝	记名	69
22 22-1	江苏·镇江（驿长）兼京口（分）	雅怡	入室	9
22-2	江苏 · 镇江江大（分）	号兰	入门	19
22-3	江苏 · 镇江京口大港（分）	曰平	记名	43
22-4	江苏 · 镇江米芾（分）	号明	入门	18
22-5	江苏 · 镇江润州（分）	曰晓	记名	47
22-6	江苏 · 镇江扬中（分）	曰秀	记名	36
23	江西 · 南昌	茶侠	记名	63
24	江苏 · 南京	茶清	入门	26
25	江西 · 景德镇	论蘭	记名	115
26	江西 · 鹰潭	论云	记名	73
27	广西 · 河池	论安	记名	113
28	内蒙古 · 巴彦淖尔	论畅	记名	122
29	青海 · 西宁	论莲	记名	103
30	山东 · 菏泽	论天	记名	72
30-1	山东 · 菏泽（副）郓城（分）	论益	记名	89
31	山东 · 济南	论漫	记名	106
32	山东 · 青岛	论修	记名	79

（续表）

序号	地区	驿长	级别	排序
32-1	山东·青岛（副）黄岛（分）	论馨	记名	114
33	山东·潍坊	茶俐	记名	54
34	山东·淄博	论涵	记名	77
35	山西·长治	论琴	记名	82
36	山西·阳泉	论慧	记名	91
37	上海	曰新	入门	30
38	上海·长宁	论知	记名	105
39	四川·自贡	论汐	记名	118
40	天津·蓟州	论立	记名	116
41	云南·昆明	茶美	记名	64
42	云南·丽江	茶瑜	记名	88
43	云南·曲靖	论静	记名	120
44	云南·瑞丽	茶仙	记名	57
45	浙江·杭州	以宏	入门	4
46	浙江·丽水	茶安	记名	56
47	浙江·台州	茶岚	记名	68
48	浙江·温州	论芗	记名	83
	海外			
49	尼日利亚达美州	茶夫	记名	49
50	新西兰奥克兰	茶玲	记名	50

附录五
部分密训点茶法

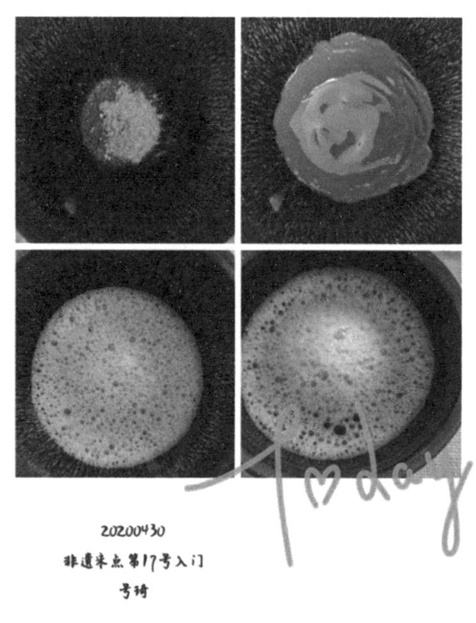

点茶法：箸点法（茶粉）
点茶人：非遗宋代点茶四世第十七位入门号琦

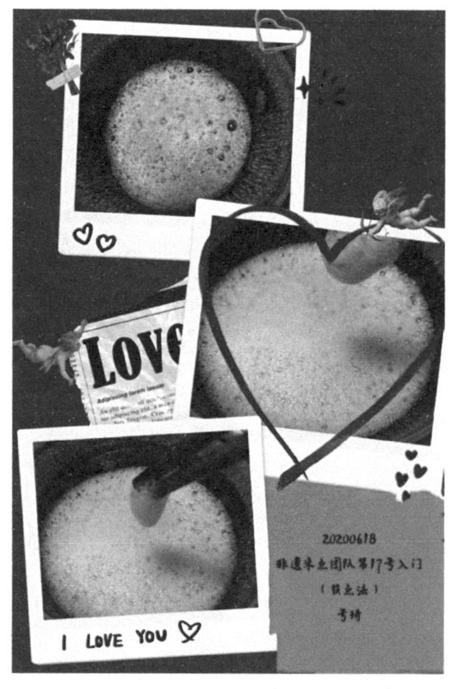

点茶法：箸点法（茶汤）
点茶人：非遗宋代点茶四世第十七位入门号琦

点茶法：匙点法（茶汤）
点茶人：非遗宋代点茶四世第九位入室雅怡

点茶法：匙点法（茶粉，《茶录》）
点茶人：非遗宋代点茶四世第廿九位入门号新

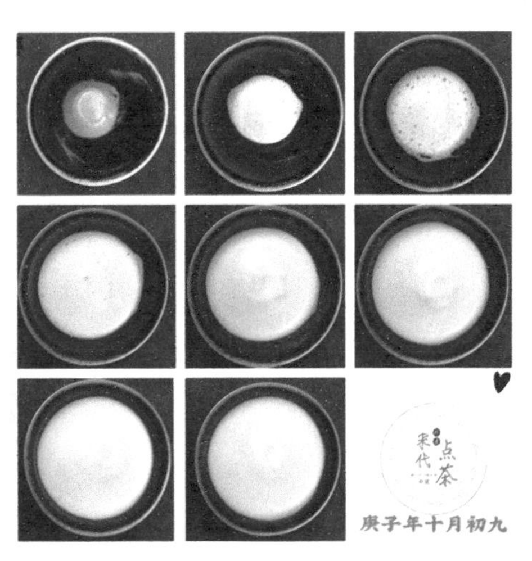

点茶法：七汤点茶法（茶粉，《大观茶论》）
点茶人：非遗宋代点茶四世第廿一位入室日波

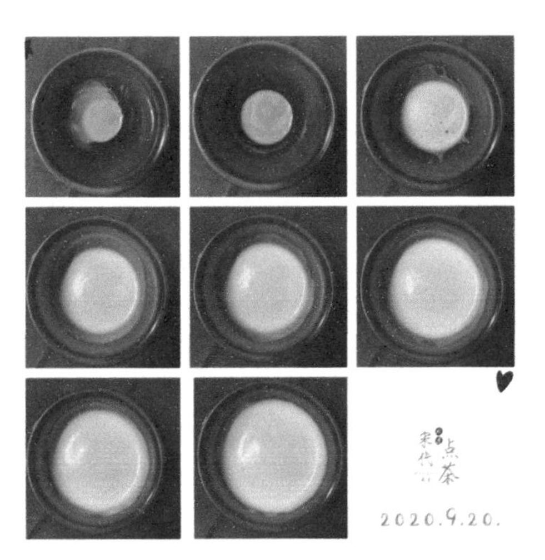

点茶法：七汤点茶法（茶粉，《大观茶论》）
点茶人：非遗宋代点茶四世第十九位入门号兰

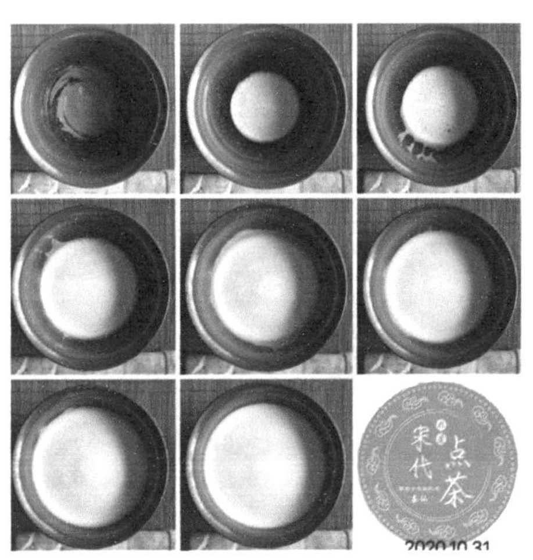

点茶法：七汤点茶法（茶粉，《大观茶论》）
点茶人：非遗宋代点茶四世第五十七位记名茶仙

点茶法：七汤点茶法（茶粉，大盏，《大观茶论》）
点茶人：非遗宋代点茶四世第十三位入门号华

点茶法：七汤点茶法（茶粉，《大观茶论》；运气击拂）
点茶人：非遗宋代点茶四世第八十六位论忻

点茶法：标准点茶法（茶粉，《DB3211/T 1011—2019 非物质文化遗产 点茶操作规范》）

点茶人：非遗宋代点茶五世第五位地清

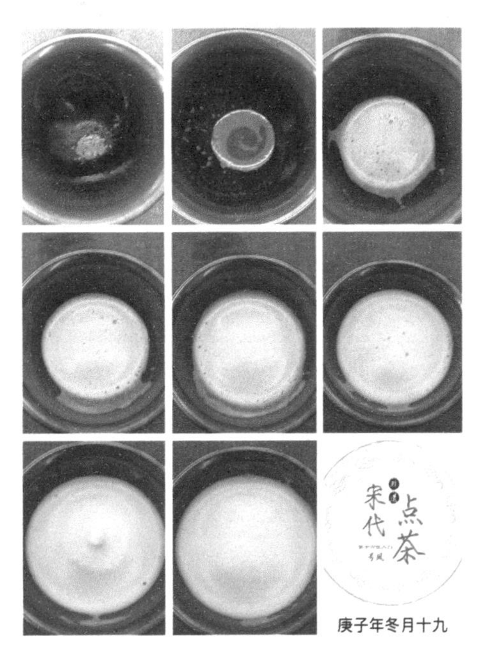

点茶法：标准点茶法（茶粉，《DB3211/T 1011—2019 非物质文化遗产 点茶操作规范》）

点茶人：非遗宋代点茶四世第十六位号凤

点茶法：标准点茶法（茶粉，大盏，《DB3211/T 1011—2019 非物质文化遗产 点茶操作规范》）

点茶人：非遗宋代点茶四世第十三位入门号华

点茶法：标准点茶法（茶粉，片状茶筅，《DB3211/T 1011—2019 非物质文化遗产 点茶操作规范》）

点茶人：非遗宋代点茶四世第十三位号祎

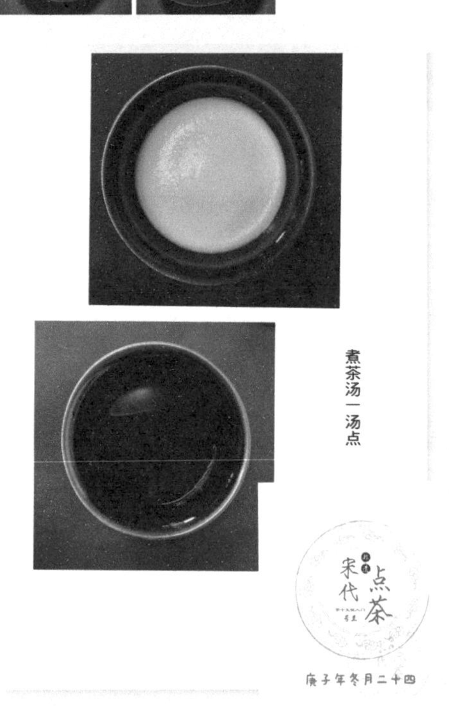

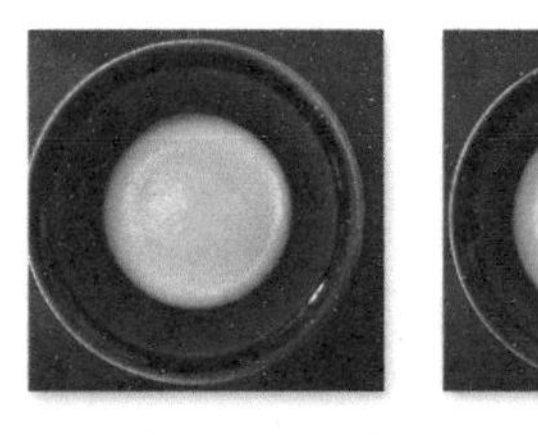

煮茶汤：三汤点

点茶法：茶汤点茶法［煮茶汤，《茶汤点茶法》（国作登字 -2020-L-01213338）；1 汤，3 汤］

点茶人：非遗宋代点茶四世第十九位号兰

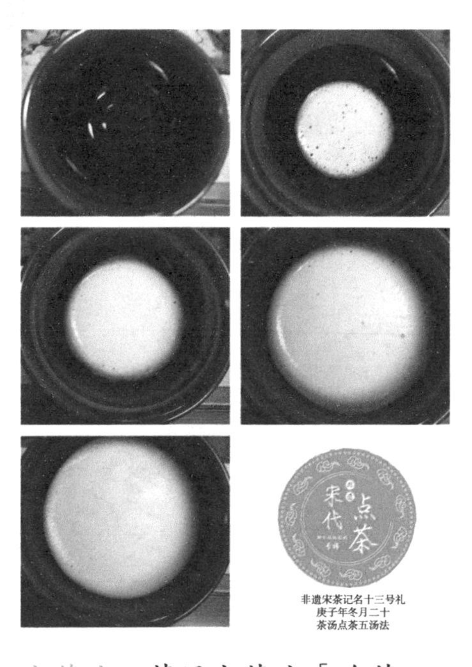

点茶法：茶汤点茶法［泡茶汤，《茶汤点茶法》（国作登字 -2020-L-01213338）；5 汤］

点茶人：非遗宋代点茶四世第十三位记名号祎

点茶法：茶汤点茶法［泡茶汤，大盏，《茶汤点茶法》（国作登字 -2020-L-01213338）］

点茶人：非遗宋代点茶四世第十三位入门号华

安化黑茶茶汤

点茶法：茶汤点茶法［泡茶汤，大片状茶筅，《茶汤点茶法》（国作登字 -2020-L-01213338）］

点茶人：非遗宋代点茶四世第廿六位入门茶清

点茶法：端盏点（双动点）

点茶人：非遗宋代点茶四世第廿一位入室曰波

点茶法：边注边点（双动点）

点茶人：非遗宋代点茶四世第二十位入门号琴

点茶法：一人注汤一人端盏点（三动点）

点茶人：非遗宋代点茶传承人宋联可、非遗宋代点茶四世第一位宋宗曰辰

点茶场景：首届长三角国际文化产业博览会现场

附录六

部分密训茶百戏法

庚子年茶百戏变化

仿古茶百戏：焕如积雪（煮茶）

点茶人：非遗宋代点茶四世第廿八位入门曰宏

参考出处：［西晋］杜育，《荈赋》；［唐］陆羽，《茶经》

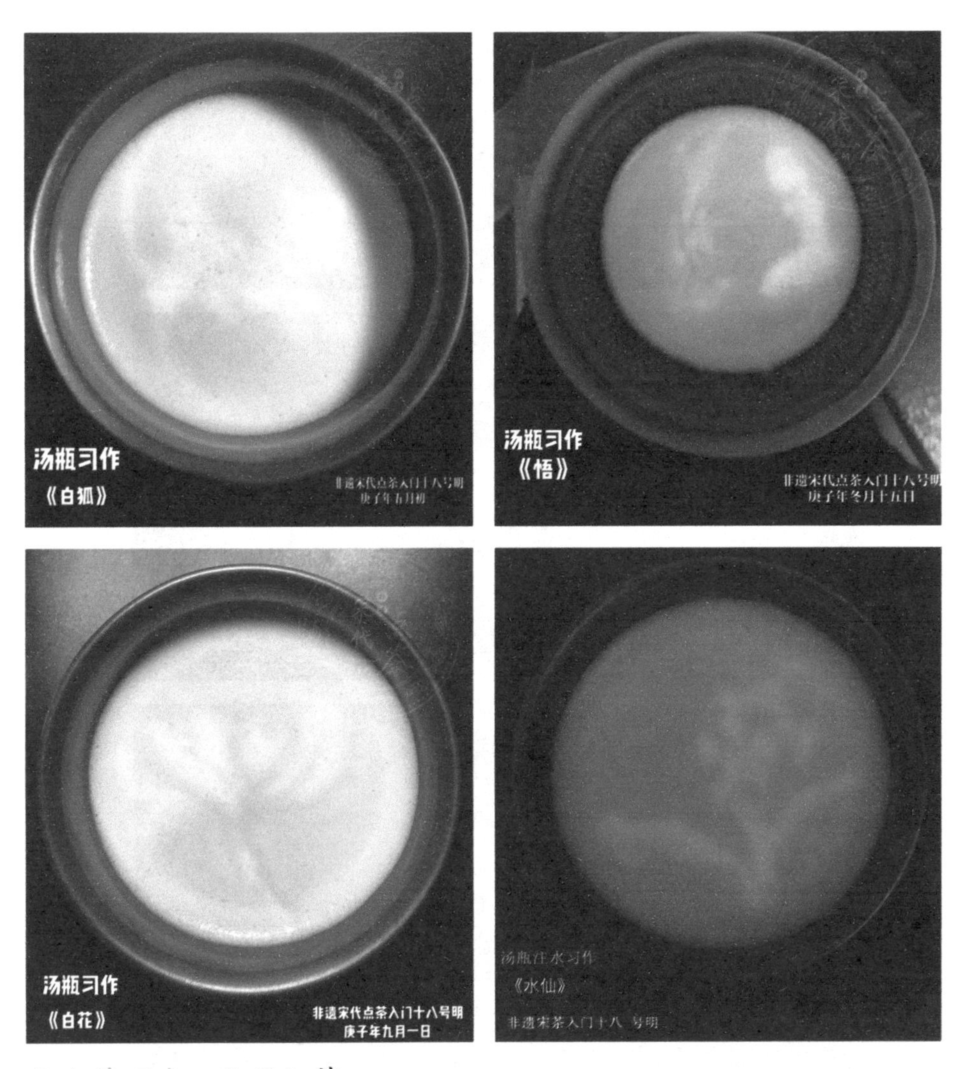

仿古茶百戏：注汤幻茶

点茶人：非遗宋代点茶四世第十八位入门号明

参考出处：［宋］陶谷，《荈茗录》

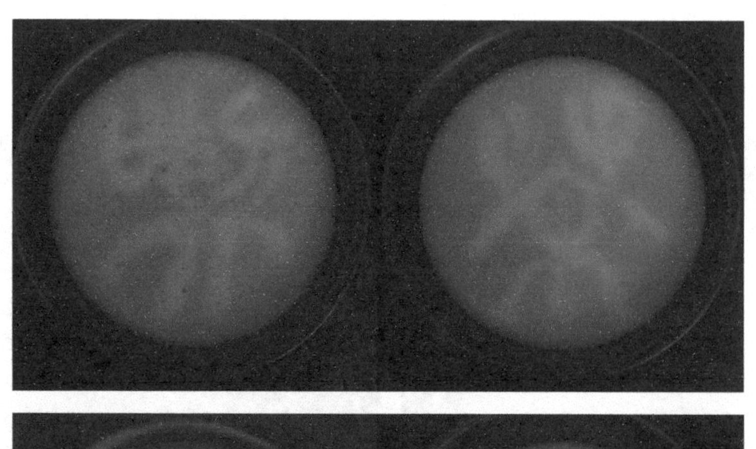

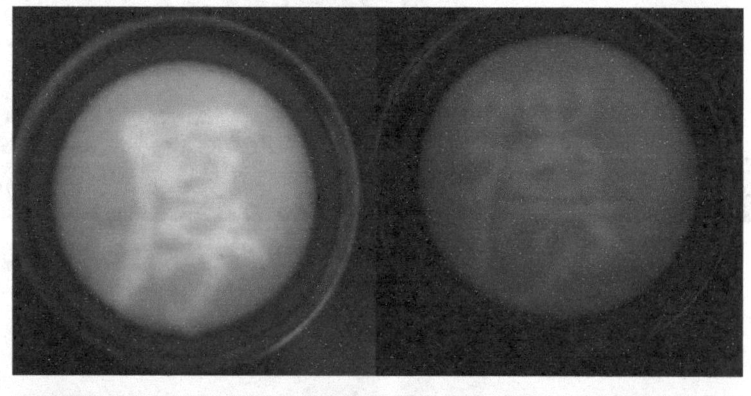

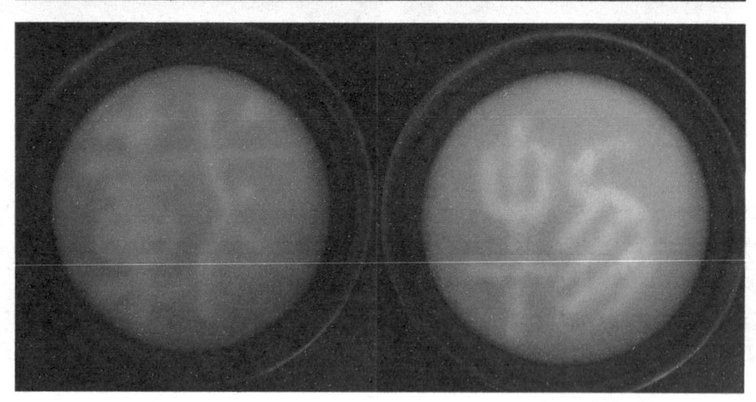

仿古茶百戏：注汤作字

点茶人：非遗宋代点茶四世第十八位入门号明

参考出处：［宋］陶谷，《荈茗录》；［宋］杨万里，《澹庵坐上观显上人分茶》

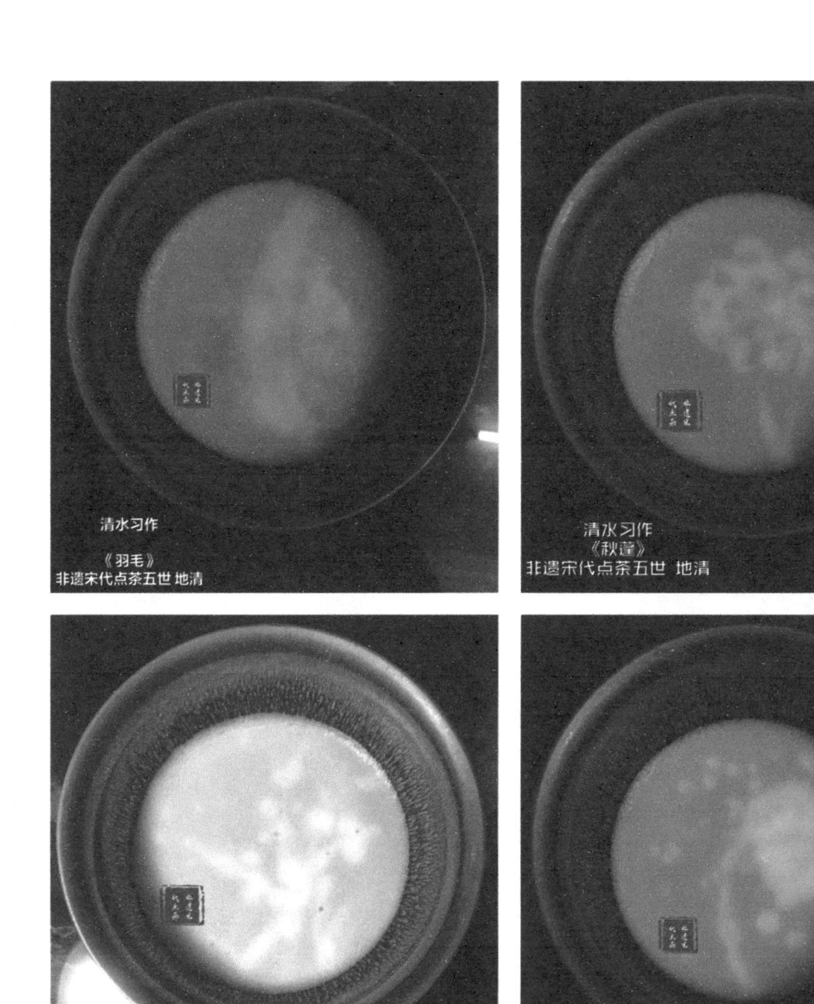

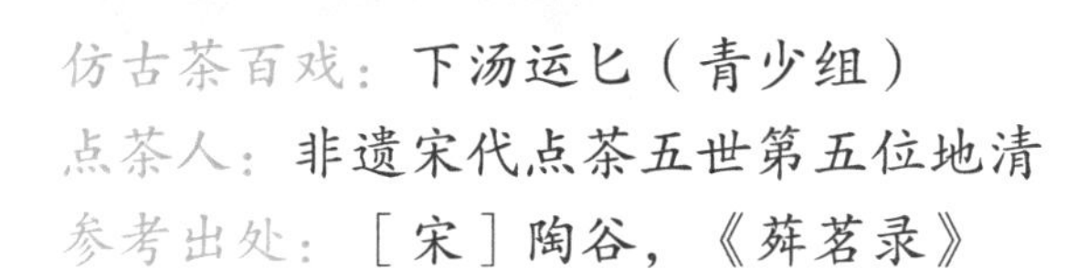
仿古茶百戏：下汤运匕（青少组）
点茶人：非遗宋代点茶五世第五位地清
参考出处：［宋］陶谷，《荈茗录》

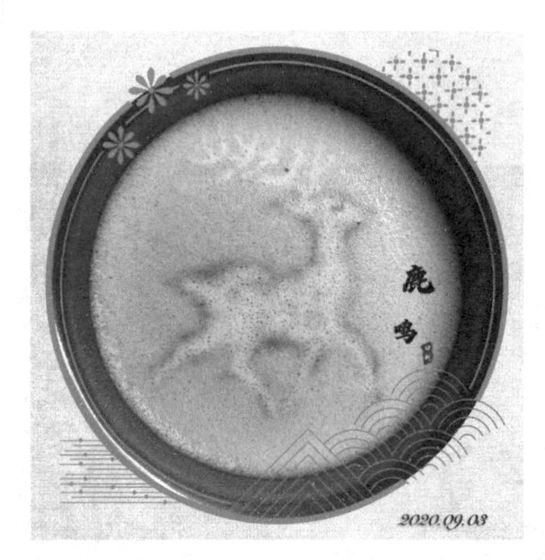

茶百戏：注水勾画

点茶人：非遗宋代点茶四世第三十位入门日新

茶百戏：镂纸贴盏

点茶人：非遗宋代点茶四世第九位入室雅怡

参考出处：[宋]陶谷，《茗荈录》

茶百戏：糁茶去纸

点茶人：非遗宋代点茶四世第九位入室雅怡

茶百戏：别以花草

点茶人：非遗宋代点茶四世第廿八位入门曰宏

茶百戏：乳花别物
点茶人：非遗宋代点茶四世第十九位入门号兰
茶百戏：叠沫成画
点茶人：非遗宋代点茶四世第廿一位入室曰波
茶百戏：云脚渐开
点茶人：非遗宋代点茶四世第十八位入门号明
参考出处：明，陆树声，《茶寮记·三烹点》；明，黄德龙，《茶说》
茶百戏：动盏幻画
点茶人：非遗宋代点茶四世第十六位入门号凤
茶百戏：画动幻灭
点茶人：非遗宋代点茶四世第十三位入门号华
茶百戏：投影成画
点茶人：非遗宋代点茶四世第十七位入门号琦
茶百戏：光影成画
点茶人：非遗宋代点茶四世第十六位入门号凤
茶百戏：汤面作画（山水）
点茶人：非遗宋代点茶四世第廿一位入室曰波
茶百戏：汤面作画（花卉）
点茶人：非遗宋代点茶四世第廿一位入室曰波
茶百戏：汤面作画（人物）
点茶人：非遗宋代点茶四世第三十位入门曰新
茶百戏：汤面作画（动物）
点茶人：非遗宋代点茶四世第三十位入门曰新
茶百戏：汤面作画（兰）
点茶人：非遗宋代点茶四世第廿九位入门号新
茶百戏：汤面作画（竹）
点茶人：非遗宋代点茶四世第廿九位入门号新
茶百戏：汤面作画（画具：茶筅）
点茶人：非遗宋代点茶四世第二十位入门号琴
茶百戏：汤面作画（画具：毛笔）
点茶人：非遗宋代点茶四世第廿六位入门茶清